"十一五"国家科技支撑计划重大项目(2008 BAB 361300) 资助

塔山煤矿安全高效开采技术

于 斌 编著

煤 炭 工 业 出 版 社

·北 京·

内 容 提 要

本书系统论述了大同矿区塔山煤矿现代化建设和安全高效生产技术。主要内容包括塔山煤矿安全高效开采的地质保障、生产系统设计、快速建井技术、安全高效开采技术、矿压显现规律和围岩稳定控制技术、防灭火及瓦斯治理技术、现代化矿井生产综合自动化监测监控技术等。

本书可供从事煤炭资源开发规划、设计，矿井建设、生产和管理等领域的研究人员、工程技术人员及相关大专院校师生参考。

图书在版编目（CIP）数据

塔山煤矿安全高效开采技术／于斌编著．－－北京：
煤炭工业出版社，2011
ISBN 978－7－5020－3947－9

Ⅰ.①塔… Ⅱ.①于… Ⅲ.①特厚煤层－煤矿开采－安全技术－研究－大同市 Ⅳ.①TD823.25

中国版本图书馆 CIP 数据核字（2011）第 219713 号

煤炭工业出版社　出版
（北京市朝阳区芍药居 35 号　100029）
网址:www.cciph.com.cn
煤炭工业出版社印刷厂　印刷
新华书店北京发行所　发行

*

开本 787mm×1092mm¹⁄₁₆　印张 11　插页 1
字数 259 千字
2012 年 5 月第 1 版　2012 年 5 月第 1 次印刷
社内编号 6768　定价 49.00 元

前　　言

　　煤炭是中国的主要能源，目前在我国一次能源生产和消费结构中，煤炭占70%左右。富煤、少气、贫油的能源结构在今后20年内不会有大的改变，这决定了我国的能源发展必须以煤为主。煤炭是目前我国供应最可靠、经济效益最好的能源，具有不可替代性。煤炭行业"十二五"规划目标为，形成10个亿吨级、10个5千万级特大型煤炭企业，煤炭产量占全国的60%以上，建立一批世界一流的高产、高效、安全、环保型现代化矿井。同煤集团确定了通过建设千万吨级矿井群来做强主业的发展思路，"十一五"末，亿吨级煤炭大基地已现雏形，以塔山煤矿为首的千万吨级矿井群初具规模，"十二五"期间，要参照塔山模式建成麻家梁矿等7个千万吨级矿井，形成完整的千万吨级矿井群。塔山煤矿是同煤集团的第一个千万吨级矿井，也是石炭二叠纪特厚煤层综放开采的首个矿井。2008年，世界上设计能力最大的单井口井工矿井——同煤塔山煤矿正式建成投产，塔山煤矿在建矿初始就把建设目标锁定为高起点、高技术、高质量、高效率、国内一流、世界领先，要建成装备一流、技术一流、管理一流的现代化样板煤矿。

　　同煤集团坚持"科技立矿、科技建矿、科技兴矿"的方针，采用"产学研"合作模式，携同多家科研机构知名专家、中国科学院院士、中国工程院院士等汇聚塔山，经过广大专家学者、工程技术人员和管理人员的攻坚克难，一系列世界级的技术难题被成功破解，一大批国内一流、世界先进的工艺技术、装备技术、信息技术运用于生产。塔山煤矿的实践，充分展现出了科学技术的强大支撑力。塔山煤矿的建成，树立了现代化矿井的典范，标志着同煤集团掀开了中国煤炭工业史上矿井建设的崭新一页。

　　塔山煤矿坚持引进与自主研发两条腿走路，既注重基础研究，又重视装备与技术研发。目前塔山煤矿已开发了多项自主科研成果，如国内工作阻力最大（15000 kN）、支撑高度最高（2.8～5.2 m）的ZF15000/28/52支撑掩护式低位放顶煤液压支架，装机功率2×1000 kW、输送能力3000 t/h、过煤量20 Mt的专用刮板输送机和总功率大于8000 kW的大采高综放工作面供电系统等。2010年塔山煤矿达到了20 Mt/a的生产能力，其中单井口产量、工作面单产、人均效率、资源采出率等各项指标都达到了国际一流水平。塔山煤矿以先进的技术、精良的装备占据了世界煤炭工业发展的前沿。由中国科学院院士、中国工程院院士组成的专家考察团对该矿考察后指出："塔山煤矿代表着中国煤炭工业未来的发展方向。"

《塔山煤矿安全高效开采技术》以塔山煤矿安全高效生产技术为核心，分别论述了矿井设计理念和方法、安全高效开采的地质保障技术、快速建井技术、特厚煤层综采放顶煤开采技术和重型工作面搬撤技术、特厚煤层开采围岩活动规律和控制技术、特厚煤层综放开采通风、瓦斯和防灭火技术，以及矿井生产综合自动化监测监控技术等。本书是塔山煤矿特大型现代化矿井建设理念和特厚复杂煤层安全高效开采技术的系统总结，希望通过本书的出版，能够为促进煤炭工业的技术进步和安全高效发展贡献微薄之力。在本书的撰写过程中，煤炭科学研究总院、中国矿业大学等单位和相关人士给予了大力支持和无私帮助，在此谨表示诚挚的谢意。

限于作者水平，书中难免有不妥之处，敬请读者批评指正。

于 斌

2011 年 7 月

目　　录

1 概　　述

1.1　现代化安全高效矿井建设概况

1.1.1　世界煤炭工业安全高效矿井发展概况

1.1.1.1　世界先进采煤国家安全高效矿井发展现状

自 1954 年世界上第一个综合机械化采煤工作面在英国诞生以来，经过 60 年代的完善提高，综采技术装备日益成熟。70 年代后期各先进产煤国家不断创出高产高效新纪录。1988 年 4 月，在澳大利亚卧龙岗召开的 21 世纪高产高效采煤系统国际讨论会上，与会专家提出 90 年代将出现日产（3 ～ 4）×10⁴ t 的高产综采面，并预言一矿一面是今后矿井发展的主要方向。进入 90 年代，高产高效世界纪录不断被刷新且向一矿一面发展。德国鲁尔公司的恩斯多尔夫矿在长 335 m、采高 3 m 的工作面，采用德国文克夫公司生产的 51500 型电牵引采煤机，日产商品煤 11560。法国洛林矿区拉乌弗矿用英国 AS 公司生产的 EI-2000 型采煤机，最高日产达 22249 t。澳大利亚新南威尔士犹兰矿工作面长 250 m，平均采高 2.9 m，采用艾克夫公司生产的 EDW-450/1000L 型电牵引采煤机，截深 1.0 m，牵引速度 10 m/min，1995 年 8 月创综采面日产煤 34130 t 的高产纪录。英国塞尔比矿 1995年产煤 10 Mt，用 AM500 型电牵引采煤机创综采面周产 109191 t 的欧洲纪录。美国塞浦路斯公司二十英里矿在 250 m×5280 m 长壁工作面采用朗戈道公司生产的安德森 EI3000 电牵引采煤机（1426 kW），截深 0.9 m，用 2×8565 kN 电液控两柱掩护式支护，3×734 kW强力刮板输送机。创 1997 年 6 月产商品煤 998064 t 的世界纪录，1998 年 10 月又创出月产商品煤 1.02 Mt，日产 43115 t 的新水平。

1.1.1.2　世界先进采煤国家安全高效矿井现阶段的特点

（1）矿井高度集中生产，井型为 3 ～ 4 Mt/a，一矿一面，年工作日 250 天，两班生产一班检修，工作面平均月产 0.3 Mt 以上，日产 0.01 Mt 以上。工作面生产班 7 ～ 9 人，采煤队在籍 30 ～ 40 人。工作面效率 300 ～ 400 t/工，全矿 300 ～ 400 人，矿井全员工效 30 t/工以上。

（2）广泛采用大功率高效能重型成套机电设备，采煤机总功率在 1000 kW 以上，采高已达 7 m，大修周期 2 ～ 3 a，可采煤量 4 ～ 6 Mt。工作面刮板输送机装机功率已达2250 kW，槽宽达 1200 mm，最大输送能力 4000 t/h，过煤量 6 Mt 以上。平巷带式输送机装机功率（2 ～ 4）×（250 ～ 300）kW，最大输送能力达 3500 t/h，铺设长度 2000 m 以上。液压支架普遍采用电液控制和高压大流量供液系统，架型向两柱掩护式方向发展，最大工作阻力已达 9800 kN，移架速度已达 6 ～ 8 s/架。

（3）工作面推进长度一般 2000 ～ 3000 m，最长已达 5280 m，美国西部某矿设计工作面推进长度已达 6700 m。

（4）工作面可靠性高。采、装、运和支护设备综合开机率达 90% 以上。美国高产高效设备可用率已达97%。

（5）工作面设备配套合理。美国综采面刮板输送机、转载机、平巷带式输送机的生产能力一般比采煤机最大生产能力高20%，以便形成由工作面往外生产能力越来越大的煤流，为保持工作面稳定高产创造条件。

（6）工作面监测监控设备齐全，自动化程度高，工作面安全设施齐全，安全状况良好，百万吨死亡率接近于零。

1.1.2 我国煤炭工业安全高效矿井发展概况

1.1.2.1 我国安全高效矿井发展历程

1970年，我国第一套综采设备在山西大同煤峪口煤矿8710工作面开始试验，试验结果表明综采工艺具有冒顶事故少，产量、效率高，材料损耗、掘进效率、吨煤成本低的优点。1974年我国引进了43套综采工作面设备。1977年引进了100套综采工作面设备，同时在国内自行制造了500套。为加速我国煤炭工业的发展步伐，1986年煤炭部作出了建设现代化矿井的战略决策。1987年潞安集团率先建成我国第一个现代化矿区。1988、1989年晋城、兖州等也相继建成现代化矿区。到20世纪80年代末，我国煤炭工业得以长足发展，产量、效率、安全及现代化水平有了很大提高。然而，与世界先进水平相比，差距仍很大，突出表现在用人多、效率低、经济效益差、安全状况不稳定。我国的煤炭产量与美国相近，而职工总数则是美国矿工总数的30倍。我国的原煤效率仅是美国的1/4，而百万吨死亡率是美国的46倍。随着我国能源结构的调整，探索一条加速我国煤炭工业发展，实现高产高效的新路子已势在必行。

我国于20世纪80年代末开始发展高产高效矿井。1987年全国有19个年产百万吨综采队，综采程度从1979年的6.36%提高到29.06%。到1992年已有77个综采队累计261次达到年产百万吨以上，综采程度为41.07%。在争创百万吨综采队基础上，有条件的矿井开始实现高产高效。潞安矿业集团1992年和1993年有两个综采队年产达2 Mt以上。晋城古书院矿试验分层开采高产高效工作面，最高日产达12719 t。1993年，我国首批建成了12个高产高效矿井，这12个矿井共精简原煤人员16312人，采煤工作面由原来的31个减少到18个，减少了42%；原煤生产人员效率由2.37t/工提高到4.26 t/工，提高了80%。

1994年原煤炭工业部颁发的《建设高产高效矿（井）暂行办法》明确指出，矿井都要把实现高产高效矿井作为企业的奋斗目标，制定了不同年产的矿井和采煤工艺的部级和省级高产高效矿井标准（表1-1）。

表1-1 部级和省级高产高效矿井标准

矿井产量/（×10⁴ t·a⁻¹）	采煤工艺	平均工作面个数/个	原煤人员生产效率/(t·工⁻¹)	
			部级	省级
≥300	综采	2、3	8	部级标准×0.8
200~300	综采	1、2	7~8	部级标准×0.8
100~200	综采	1、2	5~7	部级标准×0.8
40~100	普采	1、2	4~5	部级标准×0.8
20~40	炮采	1、2	2~4	部级标准×0.8

截至 2002 年，全国累计有 129 处煤矿达到高产高效矿井标准。高产高效矿井建设，不仅大幅度提高了矿井本身的效益，而且促进了国有重点煤矿采煤生产技术的重大变革。高产高效矿井的技术经济指标不仅明显高于一般煤矿，而且逐年有所提高。129 处高产高效矿井在数量上占国有重点煤矿的 21.68%，但产量上已占 45.26%。高产高效矿井的建设，进一步促进了综采生产技术、装备水平、单产及经济效益的提高。

2003 年度评选出来的高产高效矿井 164 处，生产原煤 0.47 Gt，占当年全国原煤产量的 27.21%，百万吨死亡率为 0.163，平均工效为 11.610 t/工。

2004 年我国有 6 处双高矿井创 8 项煤炭生产世界纪录：①神东公司大柳塔矿（一矿两井）全年产量 21.10 Mt，刷新煤矿年产世界纪录；②神东公司榆家梁矿（一井两面）单井全年产量 14.80 Mt，刷新煤矿单井年产世界纪录；③神东公司上湾矿综采工作面全年生产原煤 10.75 Mt，刷新综采工作面年产世界纪录；④神东公司上湾矿综采队、大柳塔矿活鸡兔井综采队分别在 2004 年 8、10 月生产原煤 1.04、1.08 Mt，双双刷新综采工作面月产世界纪录；⑤神东公司大柳塔矿活鸡兔井综采工作面于 2004 年 10 月 27 日生产原煤 47900 t，刷新了美国 20 英里矿保持的 46317 t 日产世界纪录；⑥兖矿集团东滩矿综采放顶煤工作面全年产量 6.58 Mt，刷新本矿综放队 2003 年产煤 6.42 Mt 的世界综放纪录；⑦神东公司补连塔矿综采工作面全年产量完成 10.06 Mt，刷新综采工作面年产世界纪录。

2005 年 4 月 23 日神东公司大柳塔矿（一个综采队和两个连采队）共生产原煤 86900 t，创世界单井日产原煤最高纪录。2007 年国家"十一五"科技攻关项目——年产 600 万吨综采超重型成套装备在宁夏天地奔牛集团通过国家相关部委和专家验收。这是我国当时第一台最大的高产高效综合机械采煤超重型成套装备，其主要技术指标达到或接近国际同类装备的先进水平，为国际综采装备制造业在高端产品领域的国产化进程起到了关键的推动作用，也在我国高产高效矿井中发挥了巨大的作用。2008 年 8 月，神东公司上湾煤矿综采队生产原煤 1164314 t，刷新了纪录。10 月 9 日在该矿 51104 工作面生产原煤 50944 t，刷新了神东公司大柳塔矿保持的 47900 t 综采工作面日产世界纪录。2008 年神东公司哈拉沟煤矿全年完成掘进进尺 63368 m，其中月进尺最高达 7802 m，为全国之冠。该矿综采工作面长度布置为 360 m、工作面巷道长度达到 6360 m，是国内首个自动化工作面实现进刀、割煤、移架、推移刮板输送机等工序全部自动化的煤矿。

1.1.2.2 我国安全高效矿井建设取得显著成绩

（1）煤矿工作面单产、工效成几倍甚或几十倍地增长。近 10 年来，我国煤矿综采工作面平均单产从 1977 年的 6.5×10^4 t/月提高到了 2008 年的 11.3×10^4 t/月，安全高效矿井达到了 14.7×10^4 t/月，提高了 1 倍；其中神东公司榆家梁煤矿达到 135.1×10^4 t/月，提高了十几倍。原煤工效也有大幅增长，从平均 2.08 t/工提高到 4.99 t/工，安全高效矿井达到了 14.8 t/工，提高了几倍；其中神东公司上湾煤矿达到 157.86 t/工，提高了七八十倍。

（2）煤矿安全状况有了明显的改善。近几年来，由于机械化程度的提高，我国煤矿安全防治措施的改善，以及安全监管的加强，全国煤矿的安全状况有了明显的改善。如百万吨死亡率从 2001 年的 5.128 降到了 2009 年的 0.89，特别是安全高效矿井降到了 0.039。

（3）煤矿集约化生产发展迅速。综采工作面生产能力大幅度提高，如神东公司补连塔煤矿年产量达到了 12.07 Mt，绝大部分安全高效矿井实现了"一井一面"的集中生产，从而简化了开采工艺和运输环节，大大减少了巷道开拓量，实现了煤矿的集约化生产。

（4）煤矿科技水平取得了长足的进步。近几年，大功率、高强度、高可靠性的机电一体化综采设备在煤矿大量应用，采煤机功率达到 2500 kW，输送机运输能力达到 3500 t/h，特别是电液控制阀的研制成功，为采煤工作面的自动化发展提供了关键技术。同时，适用于复杂地质条件的综采技术也取得了突破。

1.1.3　现代化安全高效矿井发展趋势

目前在我国一次能源生产结构中，煤炭占 70% 左右，在一次能源消费结构中占 67%。富煤、少气、贫油的能源结构在今后 20 年内不会有大的改变，也决定了我国的能源发展必须以煤炭为主。煤炭是目前我国供应最可靠、经济效益最好的能源，具有不可替代性。

在煤炭行业的"十一五"规划指导下，全国建成 13 个亿吨煤炭生产基地，采煤机械化水平达到 80% 以上，建立了一批世界一流的高产、高效、安全、环保型现代化矿井，预计到 2020 年，我国煤炭生产规模将达到 3.4 Gt。在煤炭资源富集区，加快大型煤炭基地建设，形成稳定的煤炭供应骨干企业，不但可以缓解当前能源紧张的局面，还可以保障经济长期发展，这对于我国国民经济发展和建设和谐社会都有着举足轻重的作用。

随着科学技术的进步和我国现代化矿井大规模建设的开展，矿井正朝着综合机械化、自动化、大型化发展，在发展过程中遇到了新的问题和挑战，呈现出了新的发展趋势。随着煤炭工业由劳动密集型向资本密集型、技术密集型转变，安全、高效、洁净、结构优化、可持续发展成为煤炭工业的发展方向：以年产千万吨的大型综采工作面为核心的生产工艺，从根本上改变矿井生产面貌；矿井普遍向"一个矿井、一个采区、一个回采工作面"发展；以信息技术和机电一体化技术为核心的综合自动化；以绿色开采和洁净煤技术为基础的洁净化。

1.1.3.1　综采工作面装备重型化

综采工作面设备的合理选型配套，是充分发挥设备生产效能，保证工作面高产高效和经济安全生产的基本前提。随着技术的进步，特别是矿井生产能力的不断攀升，推动着综采面装备向着更大的装机功率、更高的可靠性、更好的机械性能方面发展。综采工作面成套设备主要由采煤机、液压支架、刮板输送机、转载机、破碎机和带式输送机组成（图 1-1、图 1-2）。工作面装备重型化的趋势表现在装机总功率达到 7500 kW；采煤机截割能力 3500 t/h，装机功率 2100 kW 以上；刮板输送机运输能力 4000 t/h，装机功率 3000 kW 以上；转载机能力 4000 t/h，装机功率 400 kW 以上，电压升级到 3300 V；破碎机能力 4000 t/h，装机功率 400 kW 以上，电压升级到 3300 V；液压支架额定工作阻力 10000 kN 以上，支护高度 6.3 m 以上。而我国神东矿区综采工作面设备额定功率总和一般为 6200 kW，电压等级 1140 V 和 3300 V。

1.1.3.2　工作面大型化

工作面大型化主要是指合理地加大工作面长度和连续推进距离。加大工作面长度，有利于减少辅助运输作业时间，降低巷道掘进率，也利于提高工作面开机率、矿井采出率和工作面单产，从而提高工作效率；加大工作面连续推进距离是保证矿井均产稳产的基础，特别是高产高效综采工作面推进速度很快，必须合理加大工作面的推进长度。现代化的高

图 1-1 刮板输送机

图 1-2 采煤机

产高效矿井使用大功率重型综采设备，加大了工作面长度和推进距离，实现了一井一面千万吨模式，促进中国的煤炭企业生产规模实现从千万吨级向亿吨级的跨越。如上湾煤矿51104工作面布置长度300 m，推进长度5000 m；补连塔煤矿2-2号煤层，将300 m工作面长度的优化成果应用在新布置的大采高（5.5 m）工作面上，走向长度4000 m；神东矿区榆家梁煤矿45202工作面推进方向长度达到6380 m（图1-3）。我国综放工作面较长的有大同塔山煤矿（走向长度2650 m）和安家岭井工矿（走向长度3150 m）。

1.1.3.3 综采工作面快速搬家技术

综采工作面安装和回撤是一项庞大的系统工程，快速的工作面搬家是缩短停产时间、实现稳产高产的关键。综采工作面搬家工种多、设备重、组织复杂，传统综采工作面推进速度慢、安全条件差、效率低，导致矿井产量波动大，因此实现快速的综采工作面搬家对于保障矿井高产稳产极为重要。工作面快速的搬家技术通过建立"一井一面一套综采设备"的生产组织形式，改变了传统矿井综采设备"二保一"、"三保二"的生产组织模式。就一个矿井来讲，少购置一套综采设备就可以节约数亿元投资，然而工作面搬家时间每节约一天，就可以为矿井创造数百万元的经济效益。我国神东矿区从1997年以来采用搬家新工艺，搬家时间纪录不断创新，达到世界领先水平，其中，大柳塔矿井12401工作面设备总质量5800 t，搬家时间8 d，运输距离4 km；活鸡兔矿井22107工作面设备总质量5624 t，搬家时间8 d，运输距离6 km；补连塔矿井31302工作面设备总质量6000 t，搬家时间8 d，运输距离6 km；榆家梁矿井45101工作面设备总质量5624 t，搬家时间6.9 d，运输距离5 km。工作面快速搬家装备如图1-4和图1-5所示。

1.1.3.4 快速建井技术

提高建井施工速度对加快我国深井和现代化矿井建设具有重要意义。传统的建井技术建设工期长、建设速度慢、人员安排不合理，很难满足高产高效矿区的要求。在矿井全新的设计思想指导下，依靠先进的建井技术，合理布置井下各生产系统和地面设施配套系统使整个矿井系统环节最少，设施配套合理，将有效节约建井投资，缩短建井工期，降低吨煤成本。应用快速建井技术，特大型矿井建井周期由原来的5～7 a，缩短到不足1 a，建

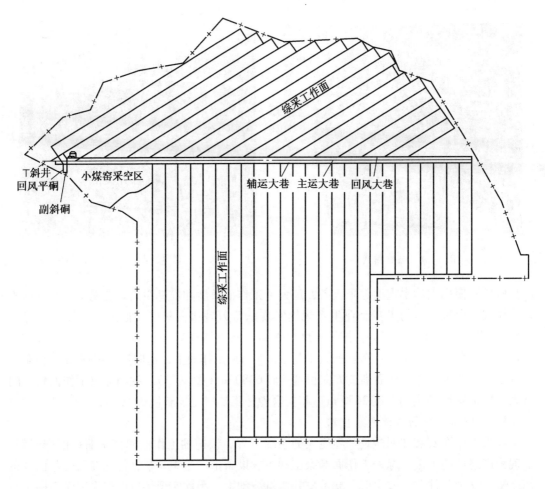

图1-3 榆家梁煤矿采掘工程布置图

图1-4 支架车

图1-5 搬运车

井工期和经济效益明显。例如，榆家梁煤矿设计生产能力 8 Mt/a，建井周期 10 个月，投资合计 39486.00 万元，建设期利息累计 1189.13 万元，利息占投资比重 2.87%，投资回收期 1.68 a；康家滩煤矿设计生产能力 8 Mt/a，建井周期 8.5 个月，投资合计 48527.97 万元，建设期利息累计 1473.54 万元，利息占投资比重 3.04%，投资回收期 14 个月。

1.1.3.5 本质安全型矿井建设

建设本质安全型矿井，是指在煤矿生产系统中应用先进的井巷工程设施、现代化的采掘技术装备和安全、高效、实时的监测系统，简化集中生产系统，体现"以人为本"的观念，形成特色的煤矿企业安全文化氛围，使得安全理念灌输于煤矿生产的过程中，以科学的管理和严格的法律法规为保障，建立健全煤矿安全生产长效机制，在现有的安全技术与安全管理基础之上，对任意复杂地质赋存条件下的煤矿都能保证矿井的安全生产，杜绝了安全生产事故。

1.1.3.6 实施人才战略

现代化煤矿大型综合机械化的发展离不开人才资源，采矿机械设备的自动化和智能化需要不断提高人机系统的可靠度。从人机工程学理论的角度考虑，人才战略的实施，即使人机系统的匹配最优。人在人机系统中处于核心和主导地位，通过培训来提高人的专业素养和知识结构是重要的途径。坚持把人力资源作为关键的战略资源，加大对人才的培养和利用，尤其是在高新科技人才培养方面，形成大量的具有核心技术竞争能力的人才队伍，是现代化煤矿综合机械化持续稳定发展的关键。

1.1.3.7 实行一井一面生产模式

在生产布局上，合理扩大井田范围，增加现有矿井储量；对与生产矿井相邻的新区，通过技术改造或改扩建合并开发，可不建新井；对老井深部和老井深部新的勘探区，要合理调整井田边界，结合开拓延深进行合并集中，采区和工作面几何尺寸适度加大；在优化巷道布置上，推行单层化和全煤巷化，并尽可能实现单水平生产；在生产规模上，要控制最小生产规模，现有小型煤矿要通过联合改造，提高规模等级。

1.1.3.8 推行高产高效、安全的采煤工艺

要根据我国开采技术的实际，推广应用以下几种采煤方法：缓倾斜厚及特厚煤层，在解决防火、防尘和资源采出率的前提下，推行综采放顶煤技术；构造复杂的矿井、中小型矿井及大矿的边角可采用轻型支架、悬移支架、网格支架等；稳定缓倾斜中厚煤层应推行综采；有一定地质变化的煤层推行高档普采或水力采煤；稳定或较稳定薄煤层应推行刨煤机采煤；积极推行特殊条件煤层采煤方法。

1.1.3.9 辅助运输连续化

根据我国煤矿的现状，为适应建设高产高效矿井的需要，应大力推广单轨吊、卡轨车、齿轨车及无轨胶轮车等先进辅助设备。

1.1.3.10 大型设备国产化

采掘技术装备与煤炭生产关联度大，是煤炭经济增长的脊梁和动力。我国国民经济保持持续、强劲、高速的增长态势，为基础能源和装备制造密切相关的煤机行业带来了前所未有的历史发展机遇。我国目前采掘设备的制造能力基本上能满足高产高效的需要，但设备的技术水平与世界先进水平相比，还有较大差距。未来几年，采煤技术装备将向着机电一体化、配套技术自动化、高可靠性方面发展。

1.2 塔山煤矿现代化安全高效矿井建设模式

同煤集团所处的大同矿区是国家煤炭老工业基地，也是国家规划的13个大型煤炭基地之一，其上覆侏罗纪煤层经过几十年的开采，资源面临枯竭。而其分布于大同、宁武、朔南、河东4个石炭二叠系煤田资源储量高达90 Gt，主采煤层为特厚煤层，3~5号煤层平均厚度达18 m。井田地质构造复杂，尤以断层构造发育，此外煤层受火成岩侵入影响严重。合理开发石炭二叠纪煤田资源是企业可持续发展的重要保障。一直以来同煤集团各矿主要开采侏罗系煤层，尚无开采石炭二叠系煤层的经验。因此对于石炭二叠系特厚煤层高产高效高资源采出率开采存在着大量技术难题。

塔山煤矿作为同煤集团开采石炭二叠系煤层的首建矿井，其主采煤层厚度为11.1~31.7 m（平均19.4 m），变化幅度较大，含有6~11层夹矸，最大厚度达0.6 m，煤层多有火成岩侵入，煤层与顶板都受到不同程度的破坏，开采难度很大。塔山煤矿2003年获得立项，经过5年的建设，2008年12月正式通过国家发展改革委的竣工验收，成为目前国内设计生产能力最大（年产15 Mt煤炭）的特大型井工矿，其单井口产量、工作面单产、人均效率、资源采出率等各项指标都处于国际一流水平。竣工投产的塔山煤矿采用国内外先进的放顶煤开采技术，资源采出率高达85%以上；采煤设备是当今世界最先进的大功率采煤机，保证了设备运行的可靠性；配备了现代化的安全监测监控系统，对井下、地面包括选煤厂在内的人员、环境和设备进行实时监测，实现了远程集中控制。2008年由中国科学院、中国工程院院士组成的专家考察团，在对该矿考察后指出："塔山煤矿代表着中国煤炭工业未来的发展方向"。塔山煤矿坚持"科技立矿、科技建矿、科技兴矿"的理念，采用"产学研"合作方式，不断加大科技投入，自主及合作开发了一大批具有显著社会效益、经济效益的科技进步和技术革新项目，有效地解决了矿井生产、安全等方面的技术难题，成功实现了石炭二叠系特厚煤层安全高效开采。以塔山煤矿为上游龙头企业的塔山工业园区投资170亿元，包括年产15 Mt的塔山矿井、配套选煤厂、年产2 Mt的新型干法水泥厂、年产$5×10^4$ t的高岭岩加工厂、$2×60×10^4$ kW的坑口电厂、$4×5×10^4$ kW资源综合利用电厂、年产1.2亿块的煤矸石砖厂、年产1.2 Mt的甲醇厂、日处理4000 m^3的污水处理厂、长19.29 km的园区铁路专用线，共计"一矿八厂一条路"10个建设项目。塔山煤矿2003年2月开工建设，2006年7月试生产，2008年12月通过国家发展改革委能源局整体验收。通过6年多的建设，塔山煤矿在大型安全高效矿井建设中初步探索出了以下发展模式。

1.2.1 开采模式

塔山煤矿采用平硐、立井混合开拓方式。主、副平硐平行掘至3~5号煤层，主运输系统采用带式输送机连续运输的方式，主平硐与运输大巷带式输送机直接搭接，无缓冲煤仓。矿井劳动定员为584人，全员效率为152.9 t/工。矿井采用国内外先进的采煤设备和采煤工艺，配备大功率采煤机及工作面配套设备，引进无轨胶轮车辅助运输系统，用大功率带式输送机集中运煤。采用综合机械化放顶煤开采工艺，工作面长230 m以上，推进长度2000 m以上。投入两套综采设备，2009年产量达到17 Mt，2010年产量为20 Mt。

塔山循环经济园区是有别于传统煤炭开采方式的一次全新尝试。原煤开采出来，全部进入选煤厂洗选后，精煤直接装车外销，洗选过程中产生的中煤、煤泥及排放的部分煤矸石输送到资源综合利用电厂和坑口电厂发电，煤矸石中的伴生物高岭岩输送到高岭岩加工厂进行深加工，煤矸石和电厂排出的粉煤灰作为水泥厂原料，水泥厂排出的废渣进入砌体材料厂用于生产新型砌体材料，井下排水和选煤厂污水进行加药处理后，重新返回到厂区循环利用。园区内的 10 个项目，共同组成了"煤电—建材"和"煤—化工"两条循环经济产业链，做到了多业并举，实现煤炭资源利用低消耗、低排放、高效率，从而更加有效地利用资源和保护环境。

从经济效益看，截至 2009 年 10 月，园区总资产达到 133 亿元，营业收入 113 亿元，实现利润 29 亿元，上缴税费 26 亿元。从社会效益看，塔山循环经济园区的发展模式，成为节约资源和保护环境、建立资源节约型和环境友好型社会的典范。从环境效益看，2008年，园区能源产出率为 0.613 万元/tec；原煤生产能耗为 0.002 tec/t，都达到国内乃至世界煤炭工业最高水平。同年，园区处置工业固体废物 3.36 Mt，工业固体废物综合利用率100%；COD 排放量 0 t，实现了零排放。真正达到人员少、产出率高的高产高效目标。塔山走出了一条以煤为主、多业并举的可持续发展之路，这一模式的成功是中国煤炭工业的骄傲。

1.2.2 工艺设备

参考国内同类高产高效现代化矿井设计的成功经验，采用国内外先进的放顶煤及大采高采煤工艺，配备大功率采煤机及工作面配套设备；用连续采煤机进行巷道掘进；用大能力带式输送机集中运煤；开拓副平硐引进无轨胶轮车辅助运输系统集中运输井下设备；充分利用现有工业场地分区开凿风井及安全避灾井。使矿井形成集中出煤、集中运输设备及材料、分区通风的分区开拓布局。实现井下开拓、开采及地面生产系统最优化；依托矿区内现有辅助生产、生活服务设施为本矿井生产服务，使矿井部分辅助生产、生活服务社会化；以需定岗、以岗定员、精简机构，减少冗员，使矿井达到少投入、多产出、见效快、效益好的良性生产经营状态；对原煤进行深加工和综合利用，提高煤炭产品的附加值，减少环境污染，实现煤炭生产综合效益最佳化。

塔山煤矿的煤层厚度高达 18 m，针对这种情况，同煤集团采用了国内外最先进的放顶煤及大采高采煤工艺。塔山煤矿的设备水平达到了世界一流水平，采煤机是从德国艾柯夫公司引进，输送机从德国 DBT 公司引进，选煤厂主选设备由澳大利亚厂商提供。其余如安全监测监控系统、井下人员定位系统，全部是国际国内最先进的。塔山煤矿采用的是无轨防爆胶轮车辅助运输系统。先进的装备，保证了塔山煤矿一流的生产效率。放顶煤开采工艺使得采出率超过 80%，达到了国际先进水平。目前国有大型矿井的采出率是 50%左右，地方煤矿是 30%，小煤矿是 10%。塔山煤矿全员效率达到 62.5 t/工，年人均效率2 万多吨。选煤厂全员效率高达 204 t/工，年人均效率达到 6 万多吨。如果在同煤集团内部作个比较的话，塔山煤矿 600 人一年生产 15 Mt 的产量，相当于同煤集团口泉沟内 10个生产矿井 5 万人一年的产量。

1.2.3 绿色开采

塔山工业园是一座环境友好型园区。井下开采的原煤经带式输送机进入选煤厂，选煤厂选出的精煤经全封闭的带式输送机进入精煤仓，为防止或减少煤尘排放，选煤厂采用了密封通风式圆筒仓储煤，有效控制了储煤扬尘。所以，除了在装车线上，地面所有地方看不到裸露的煤炭，真正实现了"黑色煤炭、绿色开采"。

矿井的井下排水与选煤厂的污水处理是煤炭企业的两大难题，但这却是塔山煤矿的两大亮点。这里的井下排水经过沉淀处理后，大部分用于工业园区生产补充水，其余部分经深度处理后用于矿区生活、消防及井下洒水。选煤生产过程中产生的煤泥水及厂房内各种跑冒滴漏的废水，全部进入两台直径45 m的高效浓缩机进行沉淀处理，溢流作为循环水返回主厂房循环使用，底流到压滤车间回收煤泥，滤液进一步净化产生再生清水。在挖1 t煤要损失2.5 t水的煤炭企业，在人均水资源占有率只有全国平均水平1/4的山西省，这一作法的示范意义，大大超过了节省的水费成本。

塔山工业园区是同煤集团有别于传统煤炭开采方式的一次全新尝试，全区规划为"一矿八厂一条路"，以设计产量全国最大、年产15 Mt的塔山煤矿为龙头，建设了选煤厂、高岭岩加工厂、综合利用电厂和坑口电厂、水泥厂、砌体材料厂、甲醇厂、污水处理厂和一条铁路专用线。这一格局体现了循环经济"减量化、再利用、资源化"的发展模式和"资源—产品—废弃物—再生资源"的生产路径。

在塔山煤矿原煤经洗选后，精煤用于出售，选出的中煤用于综合利用电厂和坑口电厂发电，开采伴生的高岭岩进行深加工后，成为化妆品、造纸行业的重要原材料，电厂产生的粉煤灰进入水泥厂制成水泥，水泥厂产生的废渣到砌体材料厂制成新型建材，开采过程中的矿井水和生活污水进入污水处理厂净化后用作电厂冷却水和园区浇灌用水。按照这样的模式，传统的煤炭生产实现闭环运行，所有的废弃物均被消化在循环之内。

1.2.4　管理模式

塔山煤矿现代化安全高效矿井建设的管理模式，第一依靠科技进步，利用先进设备，优化采掘布局，科学劳动组织，实现赶超世界一流水平的目标；第二以市场为导向，走出一条"投资少、见效快、自我积累、滚动发展"的新路子；第三实行专业化、集约化管理，建立"四条线"管理体制；第四坚持"产学研"相结合的发展思路。

1.3　塔山煤矿现代化安全高效矿井开采技术

1.3.1　优越的开发条件和超前的设计理念

塔山井田煤炭储量丰富，地质构造简单，煤层赋存稳定，结构复杂，外部协作配套条件好，开采技术条件优越，煤质优良，技术经济分析与评价项目可行，因此有条件建设成为特大型现代化矿井。

矿井设计时，充分考虑到塔山井田自然条件的优势，全部采用斜硐开拓新方式，将主要巷道布置在煤层中，尽可能少掘岩巷。矿井的井筒与布置在煤层中的大巷直接连通，取消了井底车场。开拓大巷由1条主要运输大巷、1~2条辅助运输大巷和1条回风大巷组成，简化了主运输和辅助运输及通风系统。辅助运输采用无轨胶轮车，实现人、材料和设备可直达工作面，实现了不转载运输，极大地提高了运输效率。由传统的盘区巷道布置改为大巷条带布置，使准备巷与回采巷合二为一，将传统设计的"矿井—盘区（采区）—工作面"的三级划分变革为"矿井—工作面"的二级划分，简化了矿井系统，节省了井巷工程。工作面推进长度的加大，使矿井减少了生产环节（盘区），发挥了设备潜力，提高了工作面单产，减少了搬家倒面次数，降低了生产成本。将主井运输系统的带式输送机直接与原煤仓搭接布置，取消了主井带式输送机驱动装置硐室、卸载硐室等，取消了1部上仓带式输送机；将地面破碎机与井下带式输送机联合布置，简化了地面筛选生产系统。

1.3.2 科学确定开采方法

塔山煤矿煤层属特厚复杂煤层，平均厚 18.44 m，井工开采存在煤层上部送巷难、顶板控制难等问题。塔山煤矿在开采方法的论证上十分慎重，邀请了由钱鸣高院士、宋振骐院士等专家组成的技术委员会进行了多次深入论证，最终确定了一次综放采全高的开采方法。塔山煤矿 2006 年 7 月 20 日开始试生产，到 2007 年 7 月 20 日，全年一队一面完成产量 3.20 Mt，平均月产 0.64 Mt；2008 年一队一面完成产量 10.76 Mt，平均月产 0.98 Mt，开采方法取得初步成功，塔山煤矿安全高效现代化矿井建设初见成效。2007—2008 年，塔山煤矿连续两年被评为国家特级安全高效矿井，累计实现利润（截至 2009 年 6 月）33.23 亿元。

1.3.3 创新性开采技术

1.3.3.1 TBM 系统施工技术

塔山煤矿建立了一整套在煤矿条件下使用的大型、高效、智能化 TBM 全断面掘进系统，同时也开创了大断面解体硐室施工技术及 TBM 全断面隧道掘进机井下的解体和撤退技术，缩短了矿井的建设工期，可使该矿井比原计划提前一年投产。开发了 TBM 在遇煤穿层掘进中的瓦斯防治、穿越寒武纪灰岩大溶洞、铝矾土质软岩及岩石破碎带等特殊条件下的施工技术。该技术成果填补了我国矿井建设机械化方面的空白。TBM 全断面隧道掘进机在塔山煤矿主平硐的应用，缩短了矿井的建设工期，加快了塔山煤矿建设的步伐，全自动化的应用实现了远程操作，使得所有施工作业均在可靠支护下进行，进一步提高了作业安全性，生产效率也得到了很大提高；同时避免了爆破产生的烟雾粉尘，改善了施工作业环境，保障了工作人员的健康；提高了巷道原岩自撑能力，减少了巷道维护费用，增加了巷道的服务年限。

1.3.3.2 复杂条件下特厚煤层综放开采顶煤运移规律与顶板控制技术

开发了大同矿区石炭二叠纪火成岩侵入条件下特厚煤层（20 m 左右）综放开采顶板控制技术，为大同矿区石炭纪特厚煤层开采开创了新的技术途径。工作面日产量突破 5×10^4 t，资源采出率达 84% 以上，实现了高产高效高资源采出率的安全开采，有效地解决了特厚煤层综放开采的技术难题。

1.3.3.3 石炭二叠系特厚煤层一系列技术难题

经过对石炭二叠系特厚煤层的地质保障、巷道支护、开采工艺及装备、安全等技术难题进行攻关研究，最终形成的复杂条件下石炭二叠系特厚煤层高产高效高资源采出率安全开采综合技术体系，为石炭二叠系特厚煤层安全开采提供了理论和实践指导，解决了石炭二叠系特厚煤层安全开采技术难题。

1.3.3.4 垮落松散煤岩体中大断面巷道再造技术

分析了漏顶形成的原因和机理，在对垮落形态预测的基础上，制定并实施了漏顶区治理和巷道再造技术。通过钻打超前密集钢管、预注新型固结材料、上下导硐工艺、架设 U 型支架、注水泥浆充填空洞裂隙等综合技术集成，形成了垮落松散煤岩体中大断面巷道再造技术体系。该成果为实现垮落松散煤岩体中大断面巷道再造提供了可靠的技术基础，其综合技术体系在同忻井田、大宁煤田等类似矿井有着广泛的应用前景。

1.3.3.5 特厚复杂煤层巷道支护理论与技术

全面系统地研究了特厚煤层采准巷道的围岩稳定性控制技术方案及技术参数的设计，

保证了矿井的安全生产。该技术的开发成功，为同煤集团塔山煤矿石炭二叠系煤层巷道支护提供了科学依据，改善了巷道的支护状况，提高了巷道的支护效果，为回采工作面的快速推进创造了良好条件。

1.3.3.6 复杂地质条件特厚煤层综放顶煤运移规律及放煤工艺

对塔山煤矿3—5号煤层顶煤破坏过程及顶煤冒放性、顶煤运移规律及机理等进行了系统的理论研究，为塔山煤矿特厚煤层综放安全高效开采提供了理论依据。攻克了特厚煤层的安全、高效、高采出率开采的重大技术难题。

1.3.3.7 复杂结构特厚煤层综放重型装备安全搬撤技术

通过综合实施以搬撤通道形成与支护技术、搬撤工序控制技术、安全保障技术等为主的特厚煤层综放重型装备安全快速搬撤技术系统，实现了特厚煤层综放工作面总质量7100 t的重型装备（采煤机129 t、支架36.5 t）整体长距离安全搬撤，形成了一套适合特厚煤层综放重型装备安全搬撤的技术体系。

1.3.3.8 主巷不间断运输条件下全煤特大断面支护技术

在交叉点最大宽度为15.6 m、主硐室最大断面为103 m^{2}的开掘、一次支护和混凝土砌碹等施工方面进行了多项技术改进，为在类似条件下的硐室开挖开创了新的技术途径，显著提升了我国煤矿全煤或软岩条件下大断面硐室开挖及支护的技术水平。

1.3.3.9 特厚煤层放顶煤开采瓦斯防灭火

塔山煤矿3—5号特厚煤层属自燃煤层，设计服务年限长达140年，受采动影响，很容易发生自燃。塔山煤矿煤层自然发火监测系统为安全高效生产提供了基础。

1.3.3.10 矿井生产自动化监测监控技术

塔山煤矿自动化监测监控系统使用了先进的 Honeywell 中央监控系统平台 Experion PKS，包括 CCTV 视频监控系统、安全生产设备监控系统、环境监测系统、紧急电话系统、大屏幕显示系统、电力监控系统、选煤厂系统、报表系统及联动预案调度系统的支持，具有"集中管理，分散控制；监控全面，使用方便"的特点，推进了现代化矿井信息化建设的水平。

建立了"注氮为主、灌堵为辅"的综采防灭火技术体系和以工作面顶板高抽巷封闭抽放为主，以上隅角构筑封堵墙、风幛引导风流稀释、上隅角埋管强化抽放等方法为辅的瓦斯防治综合技术体系，为特厚煤层安全高效开采提供了保障。

2 塔山煤矿安全高效开采的地质保障

2.1 井田概况

2.1.1 位置与交通

塔山井田位于山西省大同煤田东翼中东部边缘地带,距大同市约 30 km,距同煤集团公司 17 km。地理位置为东经 112°49′32″ ~ 113°9′30″,北纬 39°52′ ~ 40°10′。行政区划属大同市南郊区及朔州市怀仁县所辖。井田面积 170.91 km²,分为白洞区、塔山区、王村区、挖金湾区 4 个分区。井田东北侧有京包线、大秦线,东侧有北同蒲线,各线路交汇于大同市铁路枢纽,并与口泉沟、云岗沟两条铁路支线相连,通往同煤集团公司各生产矿。井田东侧有大同至太原 208 国道及大同至运城高速公路。井田铁路、公路交通便利(图 2 - 1)。

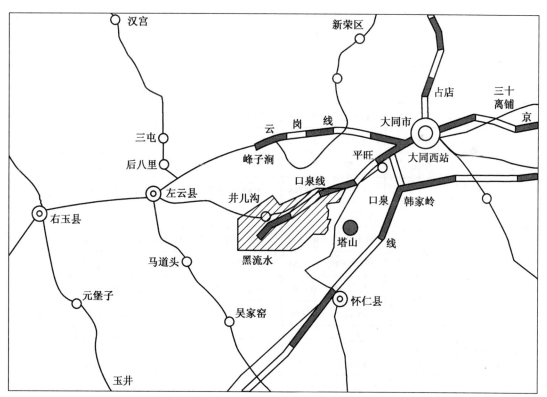

图 2 - 1 塔山井田交通位置图

2.1.2 自然地理、地形及地势

大同煤田位于山西地台北端,黄土高原中部,周围环山,西北为牛心山,西南为洪涛

山,东南为口泉山,东北面为雷公山。煤田中部为一广阔起伏的低山丘陵台地,沟谷发育,山梁纵横。塔山井田位于大同煤田中东部边缘地带,东接口泉山,北连口泉河,地面为低缓丘陵地形,地势东南高、西北低,大部分地带为山区,被黄土所覆盖,仅沟谷及山脊地区有岩层出露。区内最高点海拔标高为+1653 m,最低点为+1200 m,相对高差453 m。塔山井田属于海河流域永定河水系桑干河北岸支系,主要河流有十里河、口泉河、鹅毛口河。

2.2 井田地质特征和煤层赋存

2.2.1 区域地层

大同煤田区域地层由老至新为上太古界五台群,古生界寒武系、奥陶系、石炭系、二叠系,中生界侏罗系、白垩系和新生界第四系,其中石炭系、二叠系和侏罗系为含煤地层。大同煤田区域地层见表2-1。

表2-1 大同煤田区域地层

界	系	统	组	厚度/m	备 注
新生界	第四系	全新统		0~14	由砾石、砂组成的冲积、洪积层
		中、上更新统		0~147	由黄色亚砂土、亚黏土组成
	第三系	上新统	静乐组	0~35	红色黏土层
		中新统	汉诺坝组	0~126	为玄武岩,分布于牛新山脉一带
中生界	白垩系	上统	助马堡组	0~40	由浅灰色砂岩夹红色、绿色泥岩,泥灰岩组成
		下统	左云组	0~350	为一套砂砾岩,主要分布于左云、右玉一带
	侏罗系	中统	云岗组	0~260	紫色、黄绿色砂质泥岩,灰白色粉砂岩
		下统	大同组	0~264	由灰白色砂岩与灰色泥岩及煤组成
			永定庄组	0~211	由紫红色、灰绿色砂质泥岩,灰白色砂岩组成
古生界	二叠系	上统	石千峰组	0~100	由黄绿色含砾砂岩与紫红色砂质泥岩组成
			上石盒子组	0~254	由灰白色砂岩与紫红色、灰绿色粉砂岩组成
		下统	下石盒子组	0~91	由灰白、紫红色砂岩与紫红色砂质泥岩组成
			山西组	0~96	由灰白、绿色砂岩与深灰色粉砂岩、泥岩、泥岩及煤组成
	石炭系	上统	太原组	0~130	由灰白、灰色砂岩,砂质泥岩,泥岩及煤组成
		中统	本溪组	0~64	由灰白色砂岩、深灰色泥岩、灰岩夹紫红色泥岩组成
	奥陶系	中统	上马家沟组	0~38	由南而北,由上而下逐渐变薄,依次尖灭,在煤峪口附近全部尖灭。中统以石灰岩为主,下统以白云炭为主夹灰绿色泥岩组成
			下马家沟组	0~185	
		下统	亮甲山组	0~167	
			冶里组	0~55	

表2-1（续）

界	系	统	组	厚度/m	备注
古生界	寒武系	上统	凤山组	0~107	由南而北、由新至老逐渐变薄，依次尖灭，在大同煤田北部的青磁窑以北全部尖灭。以石灰岩为主夹灰绿紫艳色泥岩
			长山组	0~25	
			崮山组	0~95	
		中统	张夏组	0~141	
			徐庄组	0~101	
		下统	毛庄组	0~56	
太古界	五台群				肉红色花岗片麻岩等，分布于大同新生代盆地边缘一带

2.2.2 井田地质构造

大同煤田为一开阔的、北东向的向斜构造，向北东倾伏。南东翼倾角一般为20°~60°，局部直立、倒转。北西翼被白垩系覆盖。煤田主干构造线呈北东向。

1. 地层形态及褶曲

塔山井田位于大同煤田的中东缘地带，为一走向北10°~50°东，倾向北西的单斜构造，地层倾角一般在5°以内，井田外东部煤层露头处地层倾角较大，由南至北倾角为40°~70°，局部直立、倒转。井田内大部分地区的地层产状平缓，有缓波状的起伏，发育次级褶皱，塔山区主要有史家沟向斜，盘道背斜和老窑沟向斜。

2. 断层

井田内断裂构造较为发育，全矿井共有断层60多条，绝大多数为正断层。其中断距在30 m以上的有8条。井田内断层可以划分为两组断层群，分别位于井田内的王村区和塔山区（图2-2）。

3. 火成岩侵入情况

井田内火成岩主要为煌斑岩，主要以岩床侵入煤层。岩浆沿断裂通道上升到煤系地层中，先由上部强度较小的山$_4$煤层顺层侵入，依次侵入2、3—5号煤层中，井田内8号煤层未受侵入影响。煌斑岩垂向侵入范围最小0.24 m，最大80.79 m，侵入层数最多达15层，单层最小厚度0.15 m，最大厚度4.60 m。塔山区中部及西南部侵入层数最多，侵入范围最大，向北东、北西方向逐渐减少。

2.2.3 煤层赋存特征

1. 煤层

井田内赋存有侏罗系和石炭二叠系两套含煤建造。侏罗系大同组为上部含煤建造，二叠系下统山西组和石炭系上统太原组为下部含煤建造，地层总厚86.2~177.20 m，平均157.93 m，共含煤15层，煤层总厚38.25 m，含煤系数24%。

1）山西组

二叠系山西组含煤地层厚53.34~81.34 m，平均69.26 m，含煤4层，自上而下为山$_1$、山$_2$、山$_3$、山$_4$号煤层，煤层总厚平均4.65 m，含煤系数为6.7%，仅有山$_4$号煤层为全区大部分可采。

山$_4$号煤层位于山$_3$号煤层之下10.12~33.40 m，一般20 m左右，距山西组底部K3

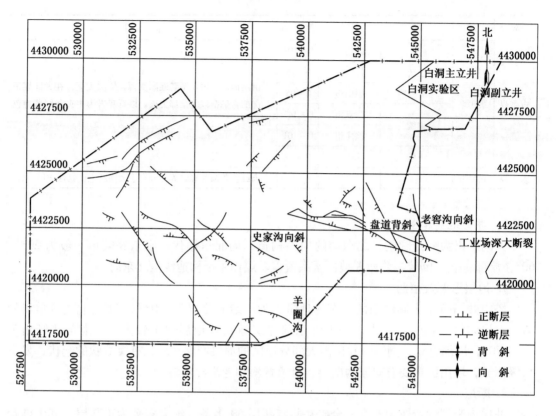

图 2-2 塔山井田构造纲要图

砂岩 3.50~24.50 m，平均 14.00 m，煤层厚 0~10.70 m（煤厚 + 硅化煤厚 + 煌斑岩厚），平均 3.85 m。厚煤带集中于区内西部，均大于 2.50 m，井田的东北以至东部露头煤层缺失。煤层结构复杂，由 1~6 层（一般 3~4 层）煤分层组成。

2）太原组

本组地层厚 86~95.86 m，边部露头最厚达 137 m，平均 88.67 m。含煤 11 层，自上而下分别为 1、2、3、4、3—5、6、7、8、8下、9、10 号煤层，煤层总厚平均 33.60 m，含煤系数 38%。其中，2、3、3—5、8 号煤层为可采煤层，3—5、8 号为主要可采煤层，其余煤层不稳定。3—5 号煤层位于 2 号可采煤层之下 0.60~11.25 m，平均 4.23 m。煤层总厚 1.63~29.21 m，平均厚 15.72 m。煤层层位稳定，厚度大，全区可采。8 号煤层位于 7 号煤层之下，一般 15 m 左右，与 3—5 号可采煤层的间距 20.35~46.46 m，平均 34.82 m，南部间距较大为 40 m 左右，向北东部变小为 30 m 左右。煤层厚度 0.60~14.59 m，平均厚度 6.12 m，煤层层位较稳定，厚度变化不大，一般 6 m 左右。

2. 煤层露头及风氧化带

煤层出露位置在井田的东部 1.2~1.3 km 处。各煤层埋藏较深，未遭受风氧化。浅部煤层风化氧化带的深度从露头线沿倾向下延 50 m。

塔山井田 3—5 号煤层顶板钻孔柱状图如图 2-3 所示。

柱状	累深/m	层厚/m	采长/m	岩石名称及岩性描述
	30.15	3.0	2.80	灰白色含砾粗砂岩,节理中等发育,完整性相对较好
	27.15	4.50	4.30	灰白色中砂岩,节理中等发育,完整性相对较好
	22.65	3.15	3.15	灰黑(深灰)色含砾粗砂岩,节理中等发育
	19.50	2.10	2.10	灰黑色粗砂岩,节理中等发育
	17.40	1.15	1.15	灰黑色含砾粗砂岩,节理发育,岩芯破碎
	16.25	0.9	0.9	灰黑色粗砂岩,中部层理相对较多,上、下完整性好
	15.35	1.25	1.20	灰黑色粉砂岩,节理严重发育,岩芯破碎
	14.10	0.65	0.60	(1)0.05 m硅化煤 (2)0.3 m灰黑色粉砂岩,完整性好 (3)0.3 m灰白色细砂岩石,完整性好
	13.45	1.55	1.55	煤,节理裂隙严重发育
	10.90	3.70	3.50	(1)0.8 m硅化煤 (2)0.8 m灰色细砂岩 (3)0.55 m黑色砂质泥岩 (4)0.90 m灰色中砂岩,坚硬、致密 (5)0.65 m硅化煤
	11.90	1.00	1.00	灰色中砂岩,坚硬、致密,下部层理发育,上部完整性好
	7.20	3.15	3.10	灰黑色砂质泥岩,层理严重发育,岩芯成片状
	4.05	1.30	1.20	(1)0.30 m煤 (2)0.10 m黑色粉砂岩,节理发育,岩芯成碎裂片状 (3)0.90 m煤
	2.75	1.00	1.00	(1)0.10 m黑色粉砂岩,节理发育,岩芯成碎裂片状 (2)0.50 m硅化煤,纵向节理明显 (3)0.10 m黑色粉砂岩,节理发育,岩芯成碎裂片状 (4)0.30 m硅化煤,纵向节理明显
	1.75	1.20	1.11	(1)0.15 m火成岩,节理发育,岩芯成碎裂片状 (2)0.20 m硅化煤,硅化煤纵向节理明显 (3)0.15 m火成岩,节理发育,岩芯成碎裂片状 (4)0.20 m硅化煤,硅化煤纵向节理明显 (5)0.50 m火成岩,节理不发育,完整性好
	0.55	0.55	0.50	煤
		4.0		煤(回风巷)

柱状	累深/m	层厚/m	采长/m	岩石名称及岩性描述
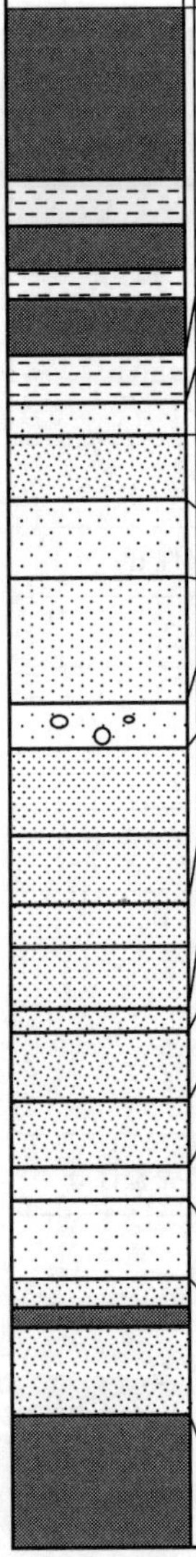	11.40	11.40		(1)8.30m煤 (2)0.025m灰黑色砂质泥岩,节理不发育 (3)0.15m煤 (4)0.20m灰黑色砂质泥岩,节理不发育 (5)2.90m煤
	12.30	0.90	0.73	高岭质泥岩,较硬,岩芯成碎片状
	12.94	0.64	0.55	灰黑色砂质泥岩,节理发育
	14.70	1.76	1.76	灰白色粉砂岩,致密,较硬;存在纵向节理,层理中等发育
	16.90	2.20	2.00	灰白色粗砂岩,完整性好,节理不发育
	21.40	4.50	4.30	灰白色含中砂岩,完整性好,节理不发育
	21.70	0.30	0.30	灰白色含砾粗砂岩,节理中等发育
	25.50	3.80	1.68	(1)1.93m灰黑色细砂岩,较软,节理严重发育,岩芯成碎片状 (2)1.87m浅灰色细砂岩,较软,节理严重发育,岩芯成碎片状
	28.50	3.00	2.78	(1)0.60m灰黑色细砂岩,节理严重发育,岩芯成碎片状 (2)2.40m灰白色细砂岩,节理严重发育,岩芯成碎片状
	28.70	0.20	0.20	深灰色粉砂岩,节理中等发育,完整性相对较好
	30.50	1.80	1.80	灰白色中砂岩,质硬,节理中等发育,完整性相对较好
	32.30	1.80	1.80	灰白色细砂岩,质硬,节理中等发育,完整性相对较好
	33.10	0.80	0.80	灰白色粗砂岩,节理中等发育
	35.10	2.00	2.00	灰白色粗砂岩含砾岩及煤屑,节理中等发育
	40.60	5.50	1.95	(1)0.74m灰黑色粉砂岩,松软,节理严重发育,成碎裂片状 (2)0.10m煤线 (3)4.55m灰黑色粉砂岩,松软,节理严重发育,成碎裂片状
	46.50	5.90		8号煤层

图2-3 塔山井田3—5号煤层顶板钻孔柱状图

2.3 矿井开采技术条件

2.3.1 工程地质条件

1.3—5号煤层

煤层顶板一般为炭质泥岩、高岭质泥岩和粉砂岩。底板为高岭质泥岩、碎屑高岭岩和粉砂岩。直接顶在火成岩侵入区,岩性主要为火成岩、炭质泥岩及高岭质泥岩等,结构复杂,在非火成岩侵入区,岩性主要为高岭质泥岩、炭质泥岩、泥岩、砂质泥岩等。直接顶厚度分布较均匀,一般2~8m。火成岩的普氏硬度为Ⅳ甲类,属相当坚硬的岩石;炭质泥岩的普氏硬度为Ⅶ-Ⅴ甲类，属相当软的岩石。部分区域没有基本顶，直接顶之上是2号煤层。其他区域或以K3砂岩为基本顶（分布在2号煤不可采区），或以火成岩为基本顶。

　　2.8号煤层

　　伪顶局部分布，岩性为炭质泥岩、泥岩，厚度不超过0.10 m。大部分区域直接顶为单层结构，岩性为泥岩、砂质泥岩、粉砂岩，厚层状，半坚硬，具水平层理，波状层理，底部含黄铁矿结核；局部区域直接顶为复层结构，散布于井田，多数为泥岩、砂质泥岩、粉砂岩的双层结构。普氏硬度为Ⅶ-Ⅳ类，平均为Ⅴ甲类，属中等坚硬的岩石。基本顶均位于直接顶之上，为分布稳定的中、粗粒石英砂岩，局部为砾岩，坚硬，厚—巨厚层状，其普氏硬度为Ⅵ-Ⅴ类。

2.3.2 水文地质条件

　　塔山井田内沉积岩厚达数百米，从地表第四系至煤系基盘均为泥质岩和碎屑岩相间成层，岩石胶结密实、裂隙少，且纵横方向上连通性差，影响了含水层的发育及相互间的水力联系，加之本区的降水量少，又无常年性地表径流及大型地表水体，因此地下水的补给来源贫乏，各地层的含水性都不强。全井田共10个含水层，其中，第四系河谷冲积层、基岩风化壳及寒武系、奥陶系灰岩等含水层含水性较好，石盒子组、山西组、太原组、本溪组含水层的含水性极弱。地表水及冲积层水通过风化壳渗入矿井中，是矿井充水的主要来源。井田煤层远离含水性较好的风化壳含水层，此层水不会进入井下。本溪组、太原组、山西组、石盒子组裂隙含水层（组），含水性极弱，煤层开采时井下基本无水或者水量极小。侏罗系煤层采空区虽有大量积水，但距太原组煤层较远，中间相隔平均厚度362.73 m，一般不会漏入井下。矿井水来源为风化壳裂隙水、采空区积水、冲积层潜水。矿井平均涌水量为1147 m³/d，最大涌水量为1280 m³/d。

2.3.3 其他开采技术条件

　　1. 瓦斯

　　塔山井田为低瓦斯矿井。各煤层均处于瓦斯风氧化带（即氮气—沼气带）。山4号煤层瓦斯含量最高3.83 m³/t，属所有煤层瓦斯含量最高者。3—5号煤层瓦斯含量为1.78 m³/t。

　　2. 煤尘

　　各煤层均存在煤尘爆炸危险性。

　　3. 煤的自燃

　　各煤层变质程度较低，丝质组合量高，存在煤自燃的因素。山4号煤层属很易自燃煤层，2、8号煤层属不易自燃煤层、3—5号煤层属易自燃煤层。各煤层均按自然发火煤层管理。

　　4. 地温

　　井田属地温正常区，无高温热害区。

2.4 塔山井田火成岩侵入及赋存特征

2.4.1 工程问题背景

　　在塔山井田晚古生代石炭二叠纪煤系地层中，主采的山西组和太原组煤层中赋存大面积顺层侵入的火成岩岩床，它将严重影响塔山现代化矿井建设。在不同区域侵入的岩床的层数不同，最多达 15 层之多，而且累积厚度变化较大 (0.06 ~ 15.9 m)。岩浆侵入不仅熔融煤层，使煤层的原有结构遭到极大破坏，而且局部煤层受热接触变质作用使得部分区域丧失了原有的工业利用价值，甚至不宜开采。为了合理、有效、经济地开采石炭二叠系煤炭资源，为塔山特大型现代化矿井建设的生产布局、巷道掘进、采煤方法的选择、高产高效综采工作面布置提供可靠的地质保障依据，开展了塔山井田火成岩的分布规律、赋存特征、对煤层煤质的破坏及其对矿井建设影响的研究。

2.4.2　3—5 号煤层中煌斑岩的空间展布及赋存特征

3—5 号煤层位于太原组中上部，煤层层位稳定、厚度大，是塔山井田全区最主要可采煤层之一。在空间上，由于沉积岩相古地理制约，在井田东部 3—5 号煤层为合并层，井田北西到中西部 3、5 号煤层各自单独产出。塔山井田 3—5 号煤层中煌斑岩侵入面积总计达 30.5 km²，占全区总面积的 17.85%。其中，侵入 3—5 号合并煤层中的煌斑岩分布区位于井田的东南部，侵入面积达 17.15 km²，占全区总面积的 10.03%，分布于香炉沟以东、窑沟南东至井田东南边界围限的范围内。分别侵入 3、5 号煤层中的煌斑岩分布区位于井田北西部南深井以西、雁崖南和雁崖乡以北、二工地至雁崖一线以东和井田北西边界围限的范围内，侵入面积达 13.36 km²，占全区总面积的 7.82% (图 2 - 4)。

在塔山井田东南部煌斑岩分布区，煌斑岩呈岩床状侵入煤层的中上部，局部沿煤层顶板侵入，多数呈层状、似层状顺 3—5 号煤层侵入，分叉与合并现象普遍。煌斑岩的侵入导致其上下煤层发生热接触变质，形成接触变质煤。接触变质煤的厚度与煌斑岩床的厚度和层数成正比，而且煌斑岩以上接触变质煤厚度大于其下接触变质煤的厚度，有时在煌斑岩床以下没有形成接触变质煤 (图 2 - 5)。煌斑岩在 3—5 号煤层中上部总体向北西方向尖灭，在北西—南东和北东—南西两个方向上均普遍存在分叉与合并现象，向北西方向存在着上侵穿位现象，即同一层煌斑岩在南东方向赋存在煤层的中上部，向北西可能上侵到煤层上部直至煤层顶板。

2.4.3　塔山井田煌斑岩侵入的区域地质背景

大同一带在晚古生代石炭世早期因西伯利亚板块和华北板块对接，华北板块前缘向西伯利亚板块俯冲，造成处于华北板块俯冲带后部的大同一带发生凹陷沉降，接受了中石炭二叠纪的一套海陆交互相—陆相的含煤岩系沉积。二叠纪末华北板块与西伯利亚板块发生强烈碰撞造山，受其影响大同一带发生隆升；三叠纪时，未接受任何沉积，处于风化剥蚀状态。煌斑岩的同位素年龄表明，煌斑岩的侵入时代为三叠世（印支期）。大同一带在三叠纪的岩浆活动无疑受控于西伯利亚板块与华北板块碰撞造山后的构造岩浆活动转化的区域构造背景。

塔山井田北西东周窑矿区的东周窑断层、东窑头断层和井田南东鹅毛口矿区的窑子头断层，与区域上北东向深断裂相接，是塔山井田煌斑岩浆上侵的通道。在塔山井田东南边部煌斑岩侵入区，岩浆的入侵方向是由南东而北西。井田东南的岩石圈断裂与次级窑子头断层相接，构成岩浆的上侵通道，高温的煌斑岩浆沿断裂通道上侵到石炭二叠系地层后，转而沿着强度较弱的山₄、2、3—5 号煤层的顶、底板或者煤层中部顺层向北西方向侵入，形成具一定规模的煌斑岩床。在塔山井田北西边部煌斑岩分布区，3、5、8 号煤层中煌斑岩累积厚度是北西大而南东小。因而侵入方向是自北西向南东。地下深处生成的煌斑岩浆

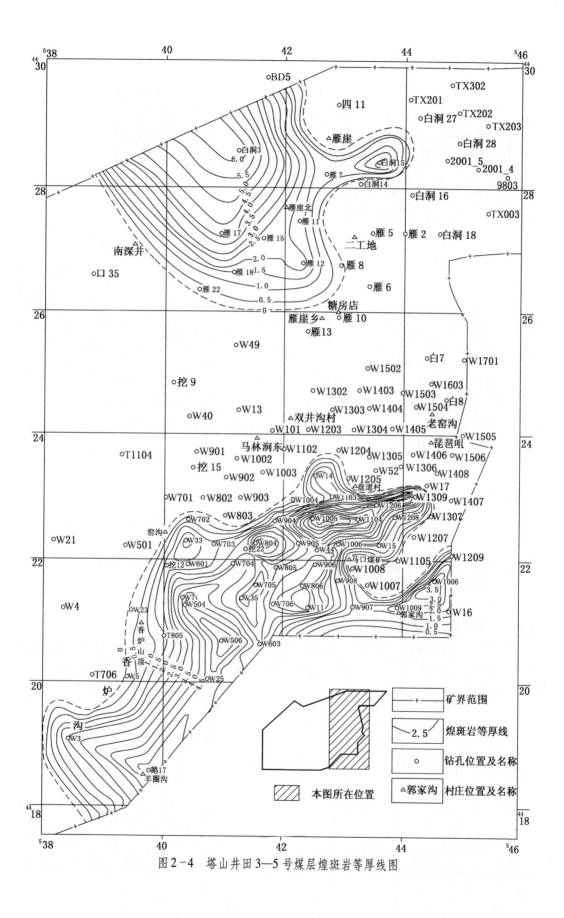

图 2-4 塔山井田 3—5 号煤层煌斑岩等厚线图

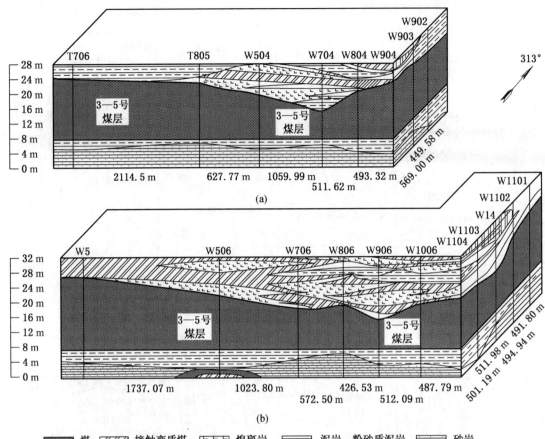

图 2-5 塔山井田煌斑岩侵入 3—5 号煤层钻孔剖面图

沿东周窑和东窑头两断层上侵，转而沿着强度相对薄弱的 3、5、8 号煤层顺层向南东方向侵入，结晶冷凝后形成煌斑岩床。

2.4.4 煌斑岩侵入对煤层的影响及其应用

2.4.4.1 煌斑岩对煤质的影响

在垂向上，由正常煤向煌斑岩床过渡，随着接触变质煤与煌斑岩距离的变小，接触变质煤的反射率、灰分逐渐升高，挥发分逐渐降低，几乎所有的接触变质煤黏结性丧失，胶质层厚度为零（表 2-2）。

表 2-2 煌斑岩对 3—5 号煤层煤质的影响

样 品	1	2	3	4	5	6	7	8	9	10	11	12	13	14
距煌斑岩的距离/m	0.25	2.51	2.79	3.47	3.67	4.57	4.81	5.93	6.43	7.43	9.43	11.73	14.58	17.23
$R_{0,\max}$/%	5.49	5.08	—	4.98	—	3.33	2.54	1.32	0.87	0.85	0.74	—	0.76	0.75
V_{daf}/%	—	—	—	11.93	—	—	14.27	23.91	30.62	32.71	38.71	37.45	37.39	37.75
G	—	—	—	—	—	—	0	0	1.3	11.5	88.8	83.6	82.1	85.6
Y/mm	—	—	—	—	—	—	0	0	0	7.0	12.0	12.0	13.0	12.5
A_{d}/%	44.47	49.71	58.17	37.42	36.01	36.51	36.45	37.83	21.19	27.37	34.69	27.60	35.29	23.66

煌斑岩的侵入和矿化作用，使煤的化学性质和工艺性能发生了一系列变化，导致接触变质煤中水分、灰分、碳氢比、碳酸盐增高，挥发分、发热量、全硫含量和焦油产率的降低及黏结性降低甚至消失。煤质的变化，改变了煤层的原有经济价值，局部甚至完全丧失了工业利用价值。

2.4.4.2 煌斑岩侵入对围岩控制的影响

煌斑岩力学参数见表 2-3。由于煌斑岩的高强度，巷道掘进时破岩将十分困难，如果巷道采用锚杆支护控制围岩的稳定性，则锚杆钻孔施工比较困难。上述困难的存在，势必会带来巷道掘进速度慢、掘进及钻孔器材消耗量大等不利后果。因此在考虑巷道布置方案设计时，应综合分析掘进成本、掘进速度与巷道稳定性控制方面的要求，权衡考虑是否在煌斑岩中掘巷。

表 2-3 塔山煤矿煌斑岩的物理力学参数测试结果

岩样编号	单轴抗压强度/MPa	抗拉强度/MPa	饱水抗压强度/MPa	内聚力/MPa	内摩擦角/(°)	弹性模量/GPa	泊松比	密度/(g·cm⁻³)
1	96.50	12.36	92.64	15.23	48.55	52.11	0.19	2.59
2*	29.53	1.41	19.79	4.77	32.41	22.65	0.24	2.41
3	135.29	17.98	132.58	24.69	50.96	54.37	0.17	2.64
4	106.20	15.80	104.08	20.48	46.80	53.69	0.17	2.68
5*	18.13	1.03	8.70	2.26	27.35	18.22	0.36	2.33

注：* 为地表样品，其余为新揭露的煌斑岩样品。

2.4.4.3 塔山井田火成岩侵入规律研究的现场应用

根据塔山井田火成岩侵入规律，及时对塔山煤矿的巷道布置、采煤方法、采煤工艺及顶板控制技术等进行了相应的调整，取得了较好的效果。

1. 巷道布置的调整

原塔山煤矿掘进的设计方案是将 1070 水平大巷布置在 3—5 号煤层的上部，运输大巷和回风大巷沿 3—5 号煤层上部变质煤下方布置，即以变质煤作为巷道的顶板。通过火成岩侵入规律的研究和现场的实际调查发现，因火成岩的侵入，同时由于构造作用的影响，使 3—5 号煤层结构发生变化，自火成岩向下依次为不到 1 m 的破碎煤、2 m 厚破裂煤层、5 m 厚层理发育煤层、6 m 厚倾斜节理发育煤层和 4 m 厚垂直节理发育煤层。在这种情况下将煤层顶板（煌斑岩）或变质煤（硅化煤）作巷道顶板，巷道支护难度太大。一是煌斑岩的厚度变化大且底面高低不平，巷道的坡度难以掌握；二是靠近煌斑岩的煤层特别松软，不仅难以作为顶板使用，而且作为巷道的两帮也无法进行支护。因此，在实际开拓中，作了适当的调整，将几乎所有的煤层巷道都沿煤层底板掘进，从而减少了巷道的掘进与维护费用，提高了掘进速度，缩短了建井周期，使矿井提前投产，并保证了施工中的安全。

2. 采煤方法的确定

塔山煤矿先期开采的 3—5 号煤层厚度较大，考虑到在整层煤中只布置一个工作面比整层煤分层开采布置多个工作面的采掘系统简单，巷道万吨掘进率低，将采煤方式设计为一次采全高放顶煤开采在塔山将具有明显的优越性。因此，塔山煤矿3—5号煤层的采煤方法确定为一次采全高放顶煤开采。

2.5　穿越采空区的煤层三维地震勘探技术

2.5.1　工程问题背景

大同煤田开采历史久远，在20世纪80年代初期，小煤窑的乱采滥掘、越层越界开采对大同煤田造成了严重破坏，且小煤窑在生产过程中没有记录下任何开采情况，给地质工作者探测、分析地质构造、采空区带来了极大困难。因此，及时而准确地查明采煤工作面内的地质构造、地质异常及采空区，对于采掘工作面的合理布置，提高煤炭生产的经济效益和保障煤矿安全生产有着十分重要的意义，已成为大同矿区安全生产中急需解决的首要地质问题之一。

大同矿区为低山丘陵区，地表为黄土覆盖层，地形变化大，山高坡陡，沟谷发育，地震测线经过地段相对高差最大为200～300 m，给工程测量、爆破成孔、排列铺设带来了较大的困难（图2-6）。此外地下存在大量的采空区，地震勘探穿越采空区亦面临诸多困难。

图2-6　大同矿区黄土覆盖区地貌形态

2.5.2　塔山井田首采区三维地震勘探

2.5.2.1　三维地震勘探

塔山井田上组侏罗系的煤层及石炭系煤层局部被历年来的小煤窑多次开采，上组侏罗系的煤层基本已被采完，石炭系3—5号煤层为下组厚煤层。由于小煤窑无开采计划，且无历史记载资料，为了取得野外采集参数，共进行了3期试验，主要是利用山地钻机进行钻孔，在风化的岩石上激发，炸药在黄土中爆炸。试验表明，在风化岩石上的激发效果很好，达到要求。最终确定地震采集接收道数为960道，接收窗口为800 m，目的层深度为500 m。

在完成采集后，进行了室内处理，图2-7所示为经过迭前时间偏移后的时间剖面。在该图上不难看出，3—5号煤层为一个复合波，T_{3-5}波为一组强反射波，这是3—5号煤

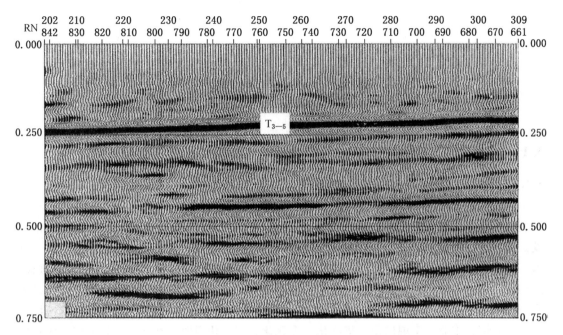

图 2-7　偏移系列时间剖面

层的地震响应，该波连续、能量强。据此对 3—5 号煤层进行了综合地质解释。在 T_{3-5} 波上部（浅部）没有强反射波，这是由于浅部侏罗系煤层被采空或被开采的客观事实。在 T_{3-5} 波下部约 265 ms 处有一组强反射波，这组强反射波可以进行追踪解释，这组强反射波距离 3—5 号煤层间距约 650 m。在距离 T_{3-5} 波下部约 400 ms 处存在一组反射波，该反射波能够进行对比解释，该反射波距 3—5 号煤层的距离约 1000 m。

2.5.2.2　巷道工程验证情况

　　基于大同矿区极为复杂的地震地质条件的基础上，从大同矿区实际出发，在系统地研究了大同矿区穿越采空区的地震采集、处理、解释的难点后，完成了穿越采空区的三维地震勘探，获得了丰富的成果。具体如下：

　　（1）勘探发现的 5 m 以上断层的巷道实践符合率在 90% 以上；查明了落差大于 5 m 的断层和直径大于 20 m 的无煤带（火成岩、河流冲刷、陷落等）。

　　（2）基于该成果对该采区的工作面进行了优化设计，为矿井安全高效生产提供了地质保障。

　　（3）井下采掘实践证实三维地震效果良好，与实际具有很高的一致性，最大误差为 1.4%，最小误差为 0.17%，平均误差为 0.68%。误差的方差值为 3.5 m，除去标准偏差以后，最大误差为 0.79%，最小误差为 0.04%。目前地震解释 5 m 以上断层验证符合率为 100%，位置误差均在 ±30 m 范围以内。

　　（4）在黄土塬、采空区下开展的三维地震勘探工作对于提高中国西部三维地震勘探技术具有重要的借鉴意义，尤其是采集工艺、处理技术和解释方法可以提高复杂地区地震勘探的精度。自 2000 年在塔山煤矿首采区研究取得初步成果后，先后在大同煤矿集团公司的云岗矿、马脊梁矿、晋华宫矿进行了推广应用，也取得了成功。

3 塔山煤矿生产系统设计

3.1 塔山现代化矿井建设基础和设计理念

3.1.1 塔山现代化矿井的建设基础

煤炭工业是我国重要的基础产业，是关系国民经济安全的重要行业和关键领域，建设大型煤矿既是优化煤炭产业结构的需要，也是保证国民经济健康发展和国家能源安全的需要。建设特大型高效矿井是我国煤炭工业发展的方向，是煤炭工业先进生产力的代表与体现，是煤炭企业减人提效、转变经济发展方式、促进科学发展的重要途径。建设大规模、集约化的特大型现代化矿井，就是使煤矿企业由传统的劳动密集型变为资金密集型、技术密集型的新型企业。调整结构，清洁生产，再造产业链形成循环经济。深化改革抢抓机遇，壮大煤炭主业，走现代化、集团化、多元化、国际化道路。在经济增长方式上由单纯依靠增加生产要素的数量，高投入、低产出、低质量、低效益的粗放型增长方式转变为依靠科学技术进步和提高劳动者素质，改善技术结构、产业产品结构、企业组织结构，增加技术含量，注重提高生产要素的使用效率和经济运行质量的集约内涵型增长方式。将同煤集团塔山煤矿建设成为特大型现代化矿井的前提和基础包括以下内容。

3.1.1.1 同煤集团所具备的人才和资金优势

同煤集团既是我国重点的大型煤炭生产企业，又是一个科技研发的最大试验基地，同时培养和锻炼了一大批有丰富实践经验的技术工人和管理干部，已经累计创造了100多项行业第一。同煤集团公司现有科技人员28000人，目前已形成具有61个二级科协、406个专业学组和420个科协分会，以及4个学会（煤炭、地质、教育、档案）的庞大科技网络。1986年，集团公司首家建立了科技开发基金制度，2000年至今已投入76545万元用于科技开发，并制定了科技开发申请、立项、实施、评定、推广管理制度。同煤集团技术中心是国家认定的100家国有企业技术中心之一，下设采矿研究所、机电研究所、综合开发研究所、电子信息技术研究所、经济运行与管理研究所等五大研究所，以及岩石力学实验室等专业研究室。2001年12月建立了山西省首家企业博士后科研工作站。据统计，同煤集团的科技投入从1978年的5000多万元提高到2008年的11.3亿元，一大批重大科技成果达到国际领先水平，形成了多套具有自主知识产权的先进技术与生产装备。2008年，同煤采煤机械化程度达到99.9%，其中，综采机械化程度97.5%、采区采出率73.74%，原煤生产全员效率5.056 t/工，均居全国先进水平。

塔山煤矿建设坚持高起点、高质量、高效率、高效益的指导方针，突破传统理念，立足技术创新。塔山煤矿完善管理创新机制，调动了广大科技人员的积极性。按照国家级技术中心各项指标的要求，坚持科学技术是第一生产力，完善管理创新机制，全体员工共建科技创新窗口，营造了团结向上、积极进取的良好科技工作氛围。

同煤集团雄厚的资金力量为塔山现代化安全高效矿井建设提供了重要的支撑。塔山矿井建设总资金为302234.86万元，其中，投产期建设总资金为133328.42万元，达产期增加建设总资金为168906.44万元。塔山煤矿的成功建设是同煤集团强大的资金优势的具体体现。

3.1.1.2　优越的开采技术条件

1. 丰富的煤炭资源

塔山井田内可采储量总计为3140.92 Mt，其中主采3—5号煤层和8号煤层可采储量为2153.93 Mt，占矿井可采储量的63.15%，煤炭资源丰富，考虑1.5的储量备用系数后，按15.0 Mt/a计算，矿井服务年限可达140年，为建设特大型现代化矿井创造了良好的资源条件。

2. 优越的地质条件

井田地质构造、水文条件简单，瓦斯含量小，属低瓦斯矿井。主要可采煤层赋存稳定，煤层厚度大（3—5号煤层平均厚15.72 m，8号煤层平均厚6.12 m），非常适合于综合机械化开采和建设特大型现代化矿井。

综采放顶煤开采是对特厚煤层开采技术的突破，使过去难采低产煤层变成了高产高效煤层，使矿井生产提高到了新的水平。综采放顶煤的主要优点是易于实现高产高效，巷道掘进率和材料消耗量低，可减少综采设备的搬家次数与费用，对煤层厚度变化大、构造比较复杂的地质条件有较好的适应性，可降低煤层自然发火概率。其主要缺点是煤炭采出率稍低，工作面设备多、管理复杂，易混入矸石、原煤灰分高、工作面作业条件差。

对于塔山煤矿石炭系煤层如何实现高产高效的问题，同煤集团组织了有关人员对国内具有代表性的高产高效综放工作面进行了考察、调研，其中包括兖州矿业集团东滩矿、兴隆庄矿，具有厚煤、硬煤代表性的铜川矿业有限公司陈家山矿、平朔煤业集团公司安家岭井工矿，具有破碎顶板特性的淄博矿业集团许厂矿，具有黏性煤质、难垮落代表性的宁煤集团瓷窑堡二矿、白芨沟矿、汝箕沟矿，具有硬煤代表性的晋城煤业集团成庄矿。通过实地察看，结合塔山煤矿的实际情况，2004年8月27日，同煤集团公司于北京组织邀请中科院院士和有关专家，就塔山矿井的综放开采方法、巷道掘进及支护方法、设备配置等问题进行了咨询、论证，专家们认为综采放顶煤在塔山厚煤层开采中具有独特的优势，塔山煤矿厚煤层可采用综采放顶煤技术。

3.1.1.3　先进、可靠的系列成套装备

建设高产高效矿井，首先要解决采掘工作面机械化装备水平。20世纪70年代以来，我国大力引进世界先进的采掘机械化技术和装备，为采掘机械化发展打下了重要基础。90年代以后，全国煤炭企业与科研院所、制造厂家共同攻关，努力创新，使综采技术不断提高，综采装备进一步得到更新，新技术得到进一步推广应用，机械化装备和技术水平大幅度提高，大吨位、大功率、大运量、机电一体化及自动化的综采和综掘设备的研制成功及应用，使高产高效工作面及高产高效矿井建设有了新的发展，单产水平有了大幅度提高，采煤效率达到了世界先进水平，有力促进了高产高效矿井建设。单轨吊、卡轨车、齿轨车及无轨胶轮车等先进辅助设备在我国煤矿的推广应用，使得辅助运输设备先进、可靠、耐用，为双高矿井实现辅助运输系统连续、高效提供保障。

高产高效矿井的建设，加快了我国煤机制造业的改革与技术创新，使煤矿机械产品结构得到调整，采煤设备的系列化不断完善，形成了采煤、掘进、通风、提升、运输、供

电、排水等不同生产系统的系列产品和成套装备，为满足煤炭企业对机械设备的需求提供了可靠的保证。随着矿井高产高效建设的不断深入，重型刮板输送机等产品达到了国际20世纪90年代末期水平。国产采煤机械设备还出口到印度、俄罗斯、土耳其、美国等国家，也取得了较好的经济效益。

一大批高产高效矿井的发展，代表了中国煤矿现代化建设的方向，形成了煤炭工业技术进步的排头兵，也为我国煤炭工业改变落后面貌，树立良好形象，扩大国内外行业之间的影响，确立国际上产煤大国的地位，作出了重大贡献。如神东、兖州、潞安等27处达到部特级高产高效的矿井，采用先进可靠的采掘设备及成套装备，为高产高效矿井的发展提供了可靠的保证。

3.1.1.4 成熟而广泛应用的锚杆、锚网支护技术

各类巷道锚杆、锚网支护技术的大力推广应用，如岩巷掘进实现锚杆化，半煤及煤巷提高锚杆支护率，断层褶曲及破碎带锚网支护技术的研究和推广应用，为安全高效矿井配套快速掘进提供保障。

3.1.2 塔山现代化矿井的设计理念

在塔山煤矿设计中，坚持树立高起点、高技术、高质量、高效率、高效益的指导思想，解放思想、更新观念、与时俱进，建设世界一流的特大型现代化"双高"矿井。参考国内外同类高产高效现代化矿井设计的成功经验，采用国内外先进的放顶煤及大采高采煤工艺，配备大功率采煤机及工作面配套设备；用连续采煤机进行巷道掘进；主运输采用带式输送机集中运煤；辅助运输采用无轨胶轮车辅助运输系统；充分利用现有工业场地分区开凿风井及安全避灾井。根据矿井煤层揭露实际情况，因地制宜，使矿井形成集中出煤、集中运输设备及材料、分区通风的分区开拓布局，实现井下开拓、开采及地面生产系统最优化；部分辅助生产、生活服务设施配合工业园区其他工程设置；以需定岗、以岗定员、精简机构、减少冗员，使矿井达到少投入、多产出、见效快、效益好的良性生产经营状态；对原煤进行深加工和综合利用，提高煤炭产品的附加值，减少环境污染，实现煤炭生产综合效益最佳化。

3.2 工业场地布置和井田开拓

3.2.1 确定井田开拓方案的主要原则

基于建设特大型现代化高产高效矿井的理念，在进行塔山煤矿井田开拓方案设计时，主要遵循以下原则：

（1）以经济效益为中心，与时俱进、优化设计，把塔山煤矿建成国际一流、国内领先的高产高效现代化矿井。

（2）以地质资料为依据，紧密结合井田内地质构造、煤层赋存、水文地质及岩浆岩侵入破坏等情况，确定科学合理的井田开拓方案。

（3）采用国内外先进的采掘设备和采煤方法，提高采掘工作面机械化装备水平，提高工作面单产，提高矿井效率。

（4）减少初期井巷工程量，缩短建井工期。以掘进煤巷为主，避免大巷穿越断层群，减少岩石工程量。使矿井建设投资少、见效快、效益好。

（5）合理加大盘区尺寸，加大工作面推进长度，减少工作面搬家次数，充分发挥采

掘设备的生产能力，适应矿井未来发展的要求。

（6）利用铁路保护煤柱或构造、村庄煤柱作为井田内盘区划分的边界。

（7）改革、集中地面布置，风井工业场地充分考虑利用现有矿井工业场地，少压煤、少占地，初期尽可能避免村庄搬迁。井筒避开侏罗系矿井的采空区范围。

（8）充分利用前期已施工的井巷工程。

3.2.2 主工业场地布置

井田范围内地形复杂、山梁陡峻、沟谷纵横、地势高差较大，因此，在井田内选择工业场地、修建铁路专用线极为困难。根据井田及周围地形特点、井田内煤层赋存条件和口泉沟侏罗系矿井生产现状，将矿井工业场地设置在杨家窑村附近。该场地地势开阔、地形较平坦、工程地质条件好，有建设矿井选煤厂及其他资源综合利用项目的条件，工业场地不压煤；初期可开采井田浅部的主要可采煤层 3—5 号煤层，煤层开采技术条件相对较好，煤层生产能力大；距矿区辅助企业中心区较近；距大秦线较近，铁路专用线接轨方便，煤炭运输顺向。

3.2.3 风井场地位置

井田为双系煤田，侏罗系采空区对井筒位置的选择影响极大，口泉沟从井田中间穿过，白洞、四老沟、雁崖、挖金湾和王村矿工业场地均在沟内，并留有保护煤柱，为选择风井场地提供了有利条件，所以，雁崖、挖金湾、王村分区的风井场地根据需要选择在现有场地内。一是在保护煤柱范围内，可减少勘探采空区的费用；二是可充分利用现有侏罗系矿井的供电、供水和供暖设施；三是可减少新选风井场地的购地、修路和供电费用。根据地形条件和侏罗系小煤窑采空区及井下开拓部署，风井设置于盘道村东北 500 m 处。

3.2.4 井田开拓

3.2.4.1 开拓方式

塔山煤矿杨家窑工业场地远离塔山井田，背靠七峰山，场地标高与井田东部边界煤层高差较小，因此首先选用平硐开拓方式。主、副平硐进入 3—5 号煤层后，大巷沿塔山区断层群北侧向西，直至挖金湾工业场地下，然后沿铁路保护煤柱向王村区方向延伸，直至井田西部边界。

一盘区以大巷作为盘区巷道，实行大巷条带式单翼布置开采，工作面由北向南推进。二盘区沿塔山井田东南边界布置二盘区巷道，工作面基本垂直盘区大巷沿倾向仰斜布置开采。三盘区从大巷拐角处向西北方向延伸，通过雁崖工业场地下，直至井田北部边界，作为三盘区巷道。

3.2.4.2 水平划分

随着综合机械化采煤技术装备的发展，单轨吊、卡轨车、齿轨机车及无轨胶轮车等新型辅助输送机车发展很快，加之架线电机车、防爆型蓄电池机车及防爆型提升机（绞车）等，基本上解决了各种煤层赋存条件下的井下辅助运输问题，特别是新型辅助输送机车的应用，大大减少了中转环节，简化了系统，这就为加大水平开采的倾斜角度、加大水平走向长度和减少水平数目提供了条件。

根据塔山井田范围内各可采煤层的层间距（山$_4$ ~ 2 号煤层平均为 20.30 m，2 ~ 3 号煤层平均为 3.21 m，3 ~ 3—5 号煤层平均为 2.05 m，3—5 ~ 8 号煤层平均为 34.82 m），其中，山$_4$ ~ 3—5 号煤层之间各煤层平均层间距最大为 20.30 m，而 3—5 ~ 8 号煤层平均为 34.82 m；根据各可采煤层间距，考虑到合理的准备巷道工程量，将井田划分为上下两个水平开拓。3—5 号煤层以上各可采煤层距离较近，称为上组煤，即上水平（+1070 m 水平）；8 号煤层称为下组煤，即下水平（+1030 m 水平）。上组煤可采煤层分别为山₄、2、3、5（3—5）号煤层，主采煤层为 3、5（3—5）号煤层。

3.2.4.3 盘区划分

盘区划分从充分考虑利用井田内铁路、村庄、断层保护煤柱，煤层合并线等自然边界，减少煤炭损失，增加矿井可采储量的基础上，尽可能加大盘区尺寸，充分发挥大功率采、掘、运设备的生产能力，延长盘区服务年限，降低巷道掘进率，提高盘区采出率。将全井田划分为 4 个分区、8 个盘区。4 个分区分别为白洞试验区、塔山区、挖金湾区和王村区。其中，塔山区分为 3 个盘区（一、二、三盘区），挖金湾区为四、五两个盘区，王村区为六、七两个盘区（图 3-1）。其中塔山区分为 3 个盘区（一、二、三盘区），其盘区倾斜长度在 2000~3500 m 之间，走向长度为 4000~6000 m。首采面所在的一盘区以 1070 大巷作为盘区巷道，实行大巷条带式开采，工作面由北向南推进。二盘区沿矿井东南边界布置盘区巷道，工作面垂直盘区大巷布置，沿倾向仰斜开采。

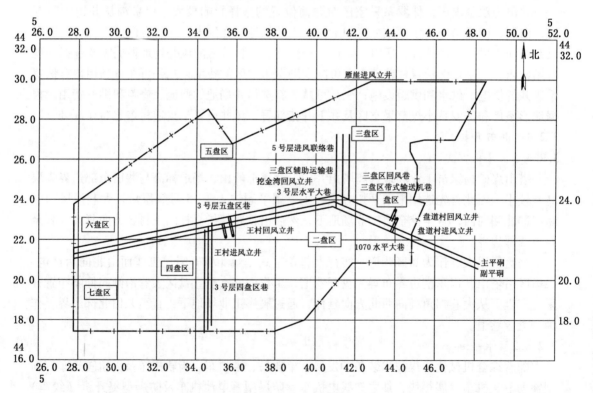

图 3-1 井田开拓图

3.2.4.4 大巷布置方式

根据确定的井筒位置、井田内煤层赋存条件，以及矿井通风、运输、辅助运输等生产系统的需要，按照下行式顺序开采，井田内初采水平为一水平上组煤，而上组煤主采煤层为 3—5 号煤层，故矿井前期上组煤主要大巷确定沿 3—5 号煤层布置，共布置 3 条大巷，其中，第一条为带式输送机运输大巷，第二条为辅助运输大巷，第三条为回风大巷。因井田东部井底3—5号煤层见煤点标高在+1070 m左右，故一水平大巷统称为1070水平大巷。

3—5号煤层为特厚煤层，顶部由于煌斑岩侵入，使煤层受热变质，形成变质煤。如果将巷道布置在变质煤中，不仅增加巷道的掘进施工难度，且掘出的煤灰分高、含矸率高、经济效益低。根据3—5号煤层赋存和开采顺序安排，将1070水平大巷沿3—5号煤层底板布置。在实际施工过程中容易确定大巷的位置，同时3—5号煤层从垂向上相比，煤层上部顶煤结构松散，层理、节理发育，并且有2 m左右的破碎带，从底部往上7 m范围内煤层结构相对稳定、整体性结构相对较好，从而利于巷道的维护。

3.2.5 开采顺序及煤层接替

水平开采顺序采取下行开采，即先采上组煤，后采下组煤。区内、区间均为前进式开采。矿井盘区间的开采顺序为一、二、三、四、五、六、七盘区。

井田共有主要可采煤层5层，分别为山$_4$、2、3、5、8号煤层，其中主要可采煤层为上组煤5（3—5）号煤层和下组煤8号煤层。按照盘区和煤层的接续程序，各盘区由山$_4$、2、3、5（3—5）号煤层依次开采，最后开采下组煤8号煤层。

对上组煤层的山$_4$、2、3号煤层采取联合布置开采，即通过水平大巷布置回风、辅助运输斜巷及溜煤眼与各煤层相应盘区大巷连通。为了减少煤柱损失，提高煤柱利用率，盘区内各煤层盘区大巷采用上下重叠布置方式。

矿井后期开采下组煤，采用暗斜井进入8号煤层，8号煤层与3—5号煤层间距平均34.82 m左右，辅助运输按6°下坡，长度为240～330 m。运输暗斜井及回风暗斜井按15°坡度，斜井长度为130～180 m。在开采下水平8号煤层时，沿8号煤层顶板布置下水平煤层大巷。下水平煤层大巷与上水平煤层大巷采用上下重叠布置方式。

3.3 大巷运输及设备选型

3.3.1 运输方式的选择

3.3.1.1 煤炭运输

根据矿井开拓部署及生产能力，采用带式输送机运输，系统简单、效率高、事故少、生产潜力大、运输连续、易于实现集中控制和自动化；能充分发挥综采设备的生产能力，保证矿井稳产、高产、高效。因此，矿井煤炭运输采用带式输送机。

矿井达产时为一、二两个盘区开采，一盘区3—5号煤层工作面的煤炭由一盘区首采工作面运输巷带式输送机转运至1070带式输送机；二盘区3—5号煤层工作面的煤炭由二盘区工作面运输巷带式输送机转载到二盘区大巷带式输送机，再转至1070带式输送机；一盘区山$_4$号煤层工作面的煤炭由一盘区山$_4$号煤层工作面运输巷带式输送机转载到三盘区大巷带式输送机，再转至1070带式输送机，1070水平带式输送机与主平硐带式输送机直接搭接，由1070水平带式输送机和主平硐带式输送机集中将各盘区的煤炭运至地面选煤厂，实现连续运输。

3.3.1.2 辅助运输

1. 实现井下辅助运输现代化的必要性

近年来我国煤矿开采技术有了很大的发展，采掘机械化程度的提高尤为迅速。在高产高效矿井建设中，日产超万吨，甚至班产超万吨的工作面已经出现，回采工占井下工人的比例大幅下降。但矿井全员效率提高很慢；辅助运输作业变化不大，基本上还是采用无极绳、小绞车、小蓄电池机车等多段分散传统的辅助运输方式。传统辅助运输方式存在运输环节多、系统复杂、占用大量设备和劳力等问题。据统计，我国煤矿辅助运输人员约占井下职工总数的 1/3 以上，有些矿甚至达 50%，与国外采煤技术先进国家相比差距很大。综采工作面搬家，国外一般仅需 1~2 周即可完成，用工 220~500 个，美国和澳大利亚采用无轨胶轮车运输，只用 1 周即可完成，用工 100 个左右。而我国煤矿采用传统方式进行综采工作面搬家，搬家一次需要 25~40 d，用工 5000 个以上，甚至超过 10000 个。

煤矿安全生产方面，辅助运输作业也属最易发生事故的薄弱环节。据统计，我国矿井辅助运输事故约占井下事故总数的 30%，仅次于顶板事故，而且呈上升趋势。

目前，我国各类矿井除主要运输大巷设有人车外，其他作业场所均是人员徒步进入采（盘）区的，工人把大量的体力和时间消耗在进入工作地点的路途中。随着井型和开拓范围的不断扩大，运输距离越来越长，问题更加突出。另外，新建矿井的大巷，趋向于沿煤层顶板或底板布置，从而造成巷道起伏不平，这类巷道的辅助运输问题，用传统的辅助运输方式是难以解决的。

目前我国煤矿除少数矿井的辅助运输系统采用柴油机胶套轮齿轨卡轨车和无轨胶轮车等新型高效的辅助运输设备外，大部分矿井的辅助运输系统仍然相当落后，与高产高效煤矿的综采综掘等现代化系统不相适应，已经成为制约煤矿生产发展的薄弱环节。

2. 国内外煤矿井下辅助运输现状

目前国外煤矿实现高效辅助运输的设备有单轨吊、卡轨车、齿轨车和无轨胶轮车四大类。按牵引动力分，有钢丝绳牵引、柴油机和蓄电池牵引三大类。与传统的辅助运输设备相比，这些设备有许多优点：①运行安全可靠，不跑车、不掉道。设有工作、停车和超速及随车紧急制动三套安全制动系统，并有防掉道装置，适合在井下巷道和采（盘）区运行。②爬坡能力强，能在坡度起伏较大和弯道道岔较多情况下行驶。③牵引力大。能实现重型物料如重型液压支架的整体搬运，对散料、长料能进行集装运输，载重量大。④运行速度快。因具有防掉道安全设施及安全监控与通信等装置，可以较高的速度在采（盘）区运行。⑤能实现远距离连续运输。⑥有比较完整的配套设备和运输车辆。能够满足人员和多种材料设备运输的需要，可实现装卸作业机械化。

我国煤矿辅助输送机械目前已研制并定型生产的产品有柴油机单轨吊、绳牵引卡轨车、柴油机胶套轮齿轨卡轨车和无轨胶轮车等。此类产品的研制成功与定型生产，改变了我国煤矿无国产辅助运输设备可选的状况。柴油机胶套轮齿轨卡轨车，在我国许多煤矿生产实践中已得到了应用，并产生了巨大的经济和社会效益，与小绞车等传统的辅助运输设备相比，能大量减少辅助运输人员数量、节约辅助运输时间，而且事故大大减少，工人劳动强度大大降低。

塔山井田煤层为近水平煤层，井下主要巷道均沿煤层布置，巷道将随着煤层的变化有一定的起伏；部分巷道采用连续采煤机掘进、锚杆或锚喷支护，掘进速度快。主要开采煤层厚度大，顶板条件差，针对塔山煤矿的这些特点，要求井下辅助运输方式应满足下列条件：

（1）应适应井下巷道的起伏变化。

（2）能满足井下辅助材料、人员、设备长距离直达运输。

（3）满足高产高效综采工作面快速搬家的需要。

（4）适应连续采煤机快速掘进的要求。

（5）运输的中间环节少，运输效率高，系统安全可靠。

无轨胶轮车运输在国内外已得到广泛推广使用，是被长期证明了的与连续采煤机相配套的最有效的辅助运输方式之一。该运输方式除一次性投资高外，系统维护工作量很小，且不受中间环节的影响，运输灵活、方便，为有效利用工时、提高工效及实现快速采掘创造了有利条件。因此，井下辅助运输方式为无轨胶轮车运输。

3.3.2 运输设备选择

3.3.2.1 主要运输设备

塔山煤矿为特大型矿井，井下煤炭运输均采用系统简单、自动化程度高、管理方便、运力大的带式输送机。矿井共铺设 5 条大巷带式输送机，即 1070 水平大巷 1 号带式输送机、1070 水平大巷 2 号带式输送机、一盘区南翼大巷带式输送机、一盘区 2 煤大巷带式输送机、二盘区大巷带式输送机。各盘区采煤工作面生产的原煤通过工作面运输巷带式输送机转载到相应的盘区大巷带式输送机上，再运到各盘区煤仓，煤仓下口均设有甲带式给料机，原煤通过甲带式给料机连续、均匀地给到 1070 大巷 1 号或 2 号带式输送机上，运至井底搭接硐室并转载到主平硐带式输送机上提升至地面。大巷带式输送机的基本参数见表 3-1。

表 3-1 大巷带式输送机基本参数

输送机名称	输送机运量/$(t \cdot h^{-1})$	输送机斜长/m	大巷倾角/$(°)$
+1070 m 水平大巷 1 号带式输送机	5750	2398	1.09 ~ 4.27
+1070 m 水平大巷 2 号带式输送机	5750	1730	1.02 ~ 1.26
一盘区南翼大巷带式输送机	3500	1485	-2.5 ~ 10
一盘区 2 煤大巷带式输送机	2300	3440	0.653 ~ 11
二盘区大巷带式输送机	3500	3198	0.963 ~ -2.017 ~ 10

CST 可控启动/制动传动系统比调速型液力偶合器驱动系统价格高，但 CST 软启动、制动性能好，技术先进，可以显著降低输送带的动张力，延长输送带的使用寿命，调节精度高，能改善带式输送机设备的运行工况，综合效益高。而且塔山煤矿井下带式输送机运距长，坡度多，多电机驱动，单电机功率大，驱动部分均布置在井下，故采用技术先进、成熟可靠的 CST 可控启动/制动传动装置。

由于大巷带式输送机运输倾角变化较大、距离较长，所需拉紧行程较长，为改善其启动特性，避免启动时长距离输送带的波动现象并延长输送带的使用寿命，便于自动控制，满足不同工况下输送带的张紧力，井下带式输送机采用液压自动拉紧方式。

井下各带式输送机的带宽、带速见表 3-2。

表 3-2 带式输送机带宽、带速

输送机名称	带宽/mm	带速/(m·s⁻¹)
1070 水平大巷 1 号带式输送机	2000	4.5
1070 水平大巷 2 号带式输送机	2000	4.5
一盘区南翼大巷带式输送机	1600	4
一盘区 2 煤大巷带式输送机	1400	4
二盘区大巷带式输送机	1600	4

3.3.2.2 辅助运输设备

塔山煤矿辅助运输通过副平硐与 1070 水平辅助运输大巷实现，运输工具为无轨胶轮车。矿井开采初期，井下的所有人员、物料、设备均用无轨车辆由主工业场地通过副平硐及井下各类辅助运输巷道直接送至各工作面或使用地点。正常生产时井下几乎无岩巷工程，局部过断层或硐室工程产生的矸石一般可通过铲车铲运，直接排至临近横贯中，也可通过胶轮车排至地面。井下水仓清理物由箱式胶轮车直接运出井口。

采煤机、连采机、支架等超重超宽设备由两台支架搬运车搬运，并由两台支架铲运车协助就位；捆扎材料及一般设备用材料车及多功能车运送；砂石等散料用自卸车或箱式车运输；井下人员乘封闭箱式专用人车下井。

矿井设计 2 个综放工作面和 3 个综合掘进工作面，生产能力为 15.0 Mt/a，年工作300 d，每天两班生产一班检修。

根据矿井巷道布置与支护方式及采掘进度，矿井主要运输的物料为锚杆、金属网片、砂石、水泥、砌块、坑木、管道等，主要运输的设备为采掘面装备和电气设备，人员运输考虑以各采掘面和风墙砌筑人员、巷道铺底人员为主，兼顾其他固定工作点的人员运输。运输距离大约为 10 km。根据运量、运距与运输方式，选择各种防爆柴油车配置见表 3-3。

表 3-3 辅助运输防爆柴油车配置

车辆配置	载重	速度/(km·h⁻¹)	数量/辆
人员运输车	20 人	40	10
运料车	4 t	30	8
运料车（自卸）	4 t	30	4
支架搬运车	35 t	5	2
支架铲运车	35 t	5	2
多功能运输车	15 t	3	3
加油车	2 t	40	1

3.4 盘区布置及装备

3.4.1 盘区巷道布置

塔山井田煤炭资源丰富，井田地质构造、水文条件简单，瓦斯含量小，属低瓦斯矿井。主要可采煤层赋存稳定，煤层厚度大（3—5 号煤层平均厚 15.72 m，8 号煤层平均厚

6.12 m），非常适合综合机械化开采和建设特大型现代化矿井。根据高产高效及建设现代化矿井要求，为充分发挥塔山矿井的资源优势，共布置2个盘区、2个综采放顶煤工作面、3个综掘工作面来保证矿井产量。

3.4.2 煤层开采顺序

矿井前期在开采3—5号煤层前，对于一盘区北翼，需先行开采上覆的山₄、2号煤层；对于二盘区，2号煤层因煌斑岩侵入而无开采价值，山₄号煤层主要分布于盘区西部，对矿井初期开采3—5号煤层影响不大，随着工作面推进，二盘区后期开采时，及时开采上覆的山₄号煤层，以充分利用煤炭资源，提高资源利用率。

3.4.2.1 盘区尺寸、储量与服务年限

由于塔山井田内断层、村庄较多，以及井田中部口泉沟铁路的影响，各盘区的划分和尺寸确定主要考虑了构造和铁路煤柱对巷道布置和开采的影响。在运输装备能力范围内，确定盘区倾斜长度为2500～5700 m，走向长度为单翼采区2400～4400 m，双翼采区5500～7200 m。矿井初期移交的两个盘区尺寸、可采储量及服务年限见表3-4。

表3-4 盘区尺寸、可采储量及服务年限

采区名称	走向长度/m	倾斜宽度/m	开采面积/km²	可采储量/Mt	生产能力/(Mt·a⁻¹)	服务年限/a
一盘区	6200	4100	14.4	265.5	5.32	49.9
二盘区	5700	2900	14.6	287.9	6.52	44.2

3.4.2.2 盘区巷道布置

盘区巷道主要以系统简单合理、工程量小、少掘岩巷、多掘煤巷、有利通风为原则进行布置。根据矿井开拓方式，矿井1070水平大巷均布置在3—5号煤层中，由于受火成岩侵入影响，3—5号煤层上部出现一层硅化变质煤，根据3—5号煤层特点，1070水平大巷均沿煤层底板布置。盘区各工作面巷道均沿煤层底板布置。各盘区工作面巷道与大巷之间，均直接（或通过风桥）搭接。

对于一盘区山₄号煤层巷道布置，根据目前施工现状，由于1070水平大巷长度较大，通过1070水平大巷掘进山₄号煤层各工作面巷道，将会使矿井达产期大大推迟，同时严重制约着下覆各煤层开采，根据矿井开拓布置，及早开工雁崖进回风立井，及时掘出三盘区大巷，通过三盘区大巷开采一盘区山₄号煤层。

根据运输及通风要求，回采工作面巷道均为3条，其中下侧2条巷道均进风，而靠近工作面的1条安装可伸缩带式输送机，并设活动移动变电站、乳化液泵站等设备列车，两巷道横贯间距以综掘机掘进通风要求确定，设计100 m。上侧回风巷以混凝土铺底，运行无轨胶轮车并兼回风。一盘区、二盘区厚煤层工作面巷道中心距35 m，净煤柱宽约30 m。

井田内1070水平带式输送机中心线距1070水平辅助运输大巷、1070水平回风大巷中心距分别为46.7 m、44.85 m，大巷保护煤柱宽度为100 m。一盘区南翼、二盘区、三盘区均布置3条大巷，巷道中心距均为35 m，一盘区南翼大巷保护煤柱为50 m，二盘区大巷保护煤柱为100 m，三盘区大巷保护煤柱为50 m。各盘区带式输送机大巷安装带式输送机，辅助运输巷用混凝土铺底运行无轨胶轮车并同时兼作进风，回风大巷专用于

回风。

除上述基本巷道外，运输大巷及工作面巷道带式输送机机头位置设机头硐室及机头变电硐室，其中1070水平带式输送机大巷中部设带式输送机搭接硐室，在各盘区巷道中部适当位置设盘区变电所；在盘区巷道低凹处设排水水窝。

3.4.2.3 盘区运输、通风、排水

1. 煤炭运输

一盘区放顶煤工作面采煤机截割的煤经支架前方刮板输送机、后部放出的顶煤经支架后方刮板输送机同时运至工作面巷道输送带尾部安设的可自移的转载机上，并经破碎机破碎大块后转载到工作面巷道带式输送机上，一盘区北翼经工作面巷道带式输送机直接运至1070水平带式输送机上，一盘区南翼经工作面巷道带式输送机运至南翼大巷带式输送机上，经一盘区南翼煤仓送至主平硐带式输送机上。

二盘区放顶煤工作面采煤机截割的煤经支架前方刮板输送机、后部放出的顶煤经支架后方刮板输送机同时运至工作面巷道输送带尾部安设的可自移的转载机上，并经破碎机破碎大块后转载到工作面巷道带式输送机上，然后经二盘区带式输送机、二盘区煤仓运至1070水平带式输送机上。

2. 材料、设备及人员运输

塔山煤矿为平硐开拓，井田及盘区范围大、运距长，煤层为近水平煤层；矿井机械化程度高，生产集中，采掘推进速度快。要求建立快速、高效、可靠的辅助运输系统，以减少人员工时与体力损失及待料窝工现象。根据矿井地形及煤层赋存特点，塔山煤矿适合使用运距长、运输量大、运输效率高、可从地面直接运至矿井各工作面的无轨运输系统。因此，矿井各回采及掘进工作面材料、设备、人员均采用无轨胶轮车直接从地面运至所需地点。

3. 盘区通风

一盘区北翼放顶煤工作面新鲜风流：主平硐、副平硐、盘道进风立井→1070水平辅助运输、带式输送机大巷→输送带、进风巷→回采工作面及掘进工作面。

工作面乏风流：回采工作面及掘进工作面→回风巷→1070水平回风大巷、辅助回风大巷→盘道回风联巷→盘道回风立井。

一盘区南翼放顶煤工作面新鲜风流：主平硐、副平硐、盘道进风立井→一盘区南翼辅助运输、带式输送机大巷→输送带、进风巷→回采工作面及掘进工作面。

工作面乏风流：掘进工作面及回采工作面→回风巷→一盘区南翼回风大巷、1070水平回风大巷→盘道回风联巷→盘道回风立井。

二盘区放顶煤工作面新鲜风流：主、副平硐→1070水平辅助运输、带式输送机大巷→二盘区辅助运输、带式输送机大巷→输送带、进风巷→回采工作面及掘进工作面。

工作面乏风流：回采工作面及掘进工作面→回风巷→二盘区回风大巷→1070水平回风大巷、辅助回风大巷→盘道回风联巷→盘道回风立井。

3.4.2.4 盘区排水

盘区大巷中设有水沟，低凹处设有水窝，各盘区均设有盘区水仓。盘区巷道中积水可自流到盘区水仓或通过水泵由管道排至可自流到盘区水仓的位置。各回采工作面巷道低凹处设积水窝，采用自吸污水泵由管道接力排至盘区大巷水沟中；各掘进工作面均考虑了自吸污水泵及排水管路。

一盘区3—5号煤层采掘工作面、二盘区3—5号煤层采掘工作面涌水汇入一、二盘区水仓后排至平硐井底水仓，然后排至地面；一盘区山₄号采掘工作面涌水汇入三盘区水仓后经雁崖回风立井排至地面。

3.5 回采工作面参数及装备

3.5.1 综放工作面主要设备选型配套原则

矿井综放工作面的采、装、运、支工序全部机械化。综放设备选型遵循了以下原则：

（1）机械设备首先满足生产可靠、技术先进的要求，提高综放设备的开机率，达到高产高效。各设备间要相互配套，保证运输畅通，并增加运输环节的缓冲能力，以期达到采、运平衡，最大限度地发挥综采优势。根据煤层及顶底板条件，工作面首选国际先进可靠的配套设备。

（2）通过合理选型和合理配套，提高综放成套设备的可靠性。为此，选用大功率采煤机，大功率、大运量输送机，长寿命的液压支架及配套的端头支架，为综采工作面创造快速连续开采的条件，加大工作面推进长度，减少搬家次数，保证快速搬家。同时为做到采准工作快，增大巷道断面特别是工作面巷道断面，全部采用连续采煤机、综掘机多巷掘进，树脂锚杆、锚梁网及锚索联合支护，以提高掘进速度，保证工作面的接替要求。

（3）对于辅助运输，要求系统简单、环节少，以保证工作人员和设备能快速运送至工作地点为原则。

3.5.2 综放工作面设备选型

3.5.2.1 采煤机

3—5号煤层为综采放顶煤，煤层夹矸较多且较硬，因此采用德国艾柯夫公司生产的SL500AC型采煤机。该采煤机更能适应含夹矸的煤层，其最大生产能力为2700 t/h。综放工作面采煤机主要技术特征见表3-5。

表3-5 综放工作面采煤机技术特征

型号	最大采高/mm	电机功率/kW	牵引速度/(m·min⁻¹)	滚筒直径/mm	截深/mm	牵引系统	机面高度/mm
SL500AC	5240	1815	0~30.75	2300	800	销排系统	2340

3.5.2.2 可弯曲刮板输送机

刮板输送机的运输能力应能适应工作面高产高效的需要。基于工作面采煤机的生产能力，确定综采放顶煤工作面刮板输送机技术特征见表3-6。

表3-6 刮板输送机技术特征

设备名称	型号	铺设长度/m	输送能力/(t·h⁻¹)	刮板链速/(m·s⁻¹)	中部槽长度/mm	电机功率/kW	电压等级/V	备注
前刮板输送机	PF6/1142	239	2500	1.52	1756	2×750	3300	引进
后刮板输送机	PF6/1342	239	3000	1.52	1756	2×850	3300	引进

3.5.2.3 转载机与破碎机

在一、二盘区综放工作面运输巷尾部布置一部转载机，转载机将前、后部刮板输送机的煤量转运至带式输送机。转载机的主要技术特征见表3-7。

工作面运输巷布置一台破碎机，破碎机安装在转载机中部槽上方，选择SK1118型破碎机，其技术特征见表3-8。

表3-7 转载机技术特征

型 号	出厂长度/m	输送能力/(t·h^{-1})	电机功率/kW	电压等级/V
PF6/1542	48.1	3500	450	3300

表3-8 破碎机技术特征

型号	破碎能力/(t·h^{-1})	最大给料尺寸/(mm×mm)	最大排料尺寸/mm	电机功率/kW	电压等级/V
SK1118	4250	1800×650	≤300	400	3300

3.5.2.4 液压支架

目前，放顶煤液压支架主要有两种形式，第一种是反四连杆放顶煤支架，第二种是正四连杆放顶煤支架。反四连杆支架的优点是后部空间较大，放顶煤及后部刮板输送机的检修较为方便；缺点是在高阻力情况下，其四连杆机构的稳定性及强度受到限制。正四连杆机构可克服反四连杆支架的缺点，在国内使用很广泛；缺点是其后部检修空间较小。正四连杆支架在国内有单面年产6 Mt的纪录，结合井田的地质特点，选择正四连杆低位放顶煤液压支架。为避免输送机庞大的机头安设在掩护梁下的狭小空间内，避免机头遭受埋压，放顶煤工作面配备 ZFG15000/28/52H 型反向四连杆放顶煤过渡液压支架6架。此外，为加强工作面巷道超前支护及端头支护，方便转载机移动，在工作面上、下出口各配备 ZTZ20000/30/42 型端头支架2架。各种液压支架主要技术特征见表3-9。

表3-9 液压支架技术特征

型 号	工作阻力/kN	初撑力/kN	支护高度/mm	支护宽度/mm	支护强度/MPa	质量/t
ZF15000/28/52	15000	12778	2800~5200	1660~1860	1.41	50
ZFG15000/28/52H	15000	7730	2800~5200	1756	0.92	32
ZTZ20000/30/42	20000	15476	3000~4200	3340	0.52	70

3.5.2.5 工作面巷道可伸缩带式输送机

一、二盘区综放工作面生产具有高度不均衡性，因此带式输送机能力按工作面割煤能力的1.6倍选取，运输能力为3000 t/h，输送机带速 $V = 4.5$ m/s，输送带宽度1.4 m。其主要技术特征见表3-10。

表3-10 可伸缩带式输送机技术特征

使用地点	能力/(t·h⁻¹)	长度/m	带速/(m·s⁻¹)	带宽/mm	功率/kW	电压/V
一盘区	3500	962	4.5	1400	3×500	10000
二盘区	3000	2093	4.5	1400	2×500	3300

3.5.3 综采工作面设备配套

一、二盘区综放工作面配套设备见表3-11，表内相应设备数量为一个工作面的数量。主要设备的外形如图3-2至图3-5所示。

表3-11 一、二盘区综放工作面配套设备

序号	设备名称	型 号	功率/kW	电压/V	生产能力/(t·h⁻¹)	备 注
1	采煤机	SL500AC	1815	3300	2700	一台
2	前部刮板输送机	PF6/1142	2×750	3300	2500	一部
3	后部刮板输送机	PF6/1342	2×850	3300	3000	一部
4	转载机	SZZ-1200/1000	450	3300	3000	一台
5	破碎机	SK1118	400	3300	4250	一台
6	带式输送机	DSJ140/350/3×500	3×500	10000	3500	一部
7	液压支架	ZF15000/28/52				126架，中心距1.75 m
8	端头支架	ZTZ20000/30/42				2架，宽度3.11 m
9	过渡支架	ZFG15000/28/52H				6架，中心距1.75 m
10	乳化液泵站	EHF-3K200/53	4×200	3300		四泵两箱，压力36 MPa
11	喷雾泵站	EHF-3K125/80	4×132	3300		四泵两箱，压力36 MPa
12	绞车	JH2-14	14	660		移泵站用
13	液压支柱	DZ38-14.7/110Q				需200根

图3-2 工作面液压支架

图3-3 采煤机

图3-4 PF6/1142型前刮板输送机   图3-5 防爆破柴油转载机

3.5.4 综放工作面主要参数

一盘区综放工作面3—5号煤层厚度平均为14.3 m，二盘区综放工作面3—5号煤层厚度平均为8.4 m，均为沿底一次放顶煤采全高，其采高包括机采割煤高度和放煤高度。适当增加机采割煤高度，不仅可以提高煤炭采出率，而且有利于特厚顶煤的破碎与放出。但是增加机采高度，工作面矿压显现将加剧，工作面煤壁片帮现象将增加，可能会影响工作面的正常生产。国内目前放顶煤工作面的割煤高度一般为2.5～3.2 m，平朔安家岭井工矿机采高度为3.5 m。根据塔山煤矿的煤层地质条件，3—5号煤层底部有5～7 m的相对稳定煤层，为了提高资源采出率，减少顶煤弱化措施，确定机采高度为3.5 m。当采煤机合理割煤高度确定后，放煤高度主要取决于所能形成的松散顶煤的厚度。

由于3—5号煤层上部媒体结构松散，其理论采放比为$K=1:4$。一盘区3—5号煤层厚度平均为14.3 m，实际平均放煤厚度约为14.3 m－3.5 m＝10.8 m，实际采放比接近于1：3；二盘区初期开采的3—5号煤层厚度平均为8.4 m，实际平均放煤厚度约为8.4 m－3.5 m＝4.9 m，实际采放比接近于1：1.4。

加大工作面长度，将导致工作面前方煤壁的支撑压力范围加大，使工作面煤壁片帮更加严重，同时顶煤将更加破碎。放顶煤工作面长度加大与一次采全高工作面长度加大带来的后果不完全相同，一次采全高工作面上方为坚硬的岩层，其对矿压的吸收能力较弱，工作面长度的增加将直接导致工作面支架载荷的增加；而放顶煤工作面上方是松软的煤体，考虑顶煤厚度在10 m以上，其对顶板压力的吸收能力要大得多，因此，增加放顶煤工作面长度，工作面支架载荷并不会增加很大，其主要影响是工作面前方支承压力范围和顶煤的破碎效果。考虑采用1.75 m的支架中心距，工作面长度确定为231 m，工作面共布置132架液压支架，其中包括126架放顶煤液压支架和6架放顶煤过渡支架。

由于塔山井田煤层赋存条件和开采技术条件比较优越，工作面装备先进，主要、辅助运输设备完善。在采煤机负荷允许的范围内，加大截深，有利于提高循环产量，有利于进一步发挥采煤机及工作面设备的效率。我国采煤机截深一般为0.6 m，高效工作面为0.8 m，国际上高产工作面一般为0.8～1.0 m。对于塔山煤矿来说，采用1.0 m的截深时，由于3—5号煤层层理、节理发育，易产生片帮、冒顶，因此考虑设备性能及高产高效，确定采煤机截深为 0.8 m。

根据国内放顶煤经验，当采放比为 1：1 左右时，宜采用割一刀放一次顶煤的"一采一放"采煤工艺，当采放比为 1：2 或更大时，宜采用割 2 刀放 1 次顶煤的"两采一放"采煤工艺。由于一盘区 3—5 号煤层厚度平均为 14.3 m，采放比较大，因此工作面采用"两采一放"采煤工艺，即工作面放顶煤步距确定为 1.6 m。二盘区 3—5 号煤层厚度平均为 8.4 m，采放比约为 1：1.4，因此工作面采用"一采一放"采煤工艺，即工作面放顶煤步距确定为 0.8 m。

1）回采工作面循环数，年推进度及工作面单产

采煤机组在工作面头尾之间运行两次，即割煤两刀，并完成移架、推前部刮板输送机、放顶煤、拉后部刮板输送机等作业工序，即割两刀放一次顶煤为一个循环。循环产量包括机采产量与放顶煤产量两部分。循环割煤量为 1720 t，循环放煤量为 4191 t，循环生产能力为 5911 t，采煤机最大割煤能力为 135 t/h，循环作业时间为 176 min，班产量为8867 t。工作面日产量为 17734 t，月产量为 0.53 Mt，年产量为 5.32 Mt。一、二盘区综放工作面主要技术参数见表 3-12 和表 3-13。

表 3-12　一盘区综放工作面主要技术参数

序　号	指标名称	指标	单　位	备　注
1	工作制度	三八制		300 d/a，二班生产
2	工作面长度	231	m	
3	采高	3.5	m	
4	截深	0.8	m	
5	循环产量	5911	t	
6	班产量	8867	t	每班 3 刀，1.5 个循环
7	日刀数	6	刀	
8	日推进度	4.8	m	
9	工作面日产量	17734	t	
10	工作面年产量	5.32	Mt	
11	开机率	60	%	
12	年推进度	1440	m	
13	割煤速度	5	m/s	
14	循环时间	176	min	
15	采煤方法	综放，斜切进刀，双向割煤		
16	顶板控制方法	自然垮落法		

表 3 - 13　二盘区综放工作面主要技术参数

序　号	指标名称	指　标	单　位	备　注
1	工作制度	三八制		300 d/a, 2 班生产
2	工作面长度	231	m	
3	采高	3.5	m	
4	截深	0.8	m	
5	循环产量	1811	t	
6	班产量	10866	t	每班 6 刀, 6 个循环
7	日刀数	12	刀	
8	日推进度	9.6	m	
9	工作面日产量	21732	t	
10	工作面年产量	6.52	Mt	
11	开机率	70	%	
12	年推进度	2880	m	
13	割煤速度	7	m/s	
14	循环时间	53	min	
15	采煤方法	综放，斜切进刀，双向割煤		
16	顶板控制方法	自然垮落法		

2）二盘区综放工作面生产能力

采煤机组在工作面头尾之间运行一次，即割煤一刀，并完成移架、推前部刮板输送机、放顶煤、拉后部刮板输送机等作业工序，即割一刀放一次顶煤为一个循环。循环产量包括机采产量与放顶煤产量两部分。循环割煤量为 860 t，循环放煤量为 951 t。循环生产能力为 1811 t，采煤机最大割煤能力为 179 t/h。循环作业时间为 53 min。工作面日产量为 21732 t，月产量为 0.65 Mt，年产量为 6.52 Mt。

4 塔山煤矿快速建井技术

4.1 快速建井模式的主要内容

1. 生活区集中规划布置

借鉴世界现代煤炭企业的建设经验，矿井地面非生产性设施因陋就简，生活区集中规划布置。矿井只设工业设施及工作区，不设居住区，大大减少了地面建筑及设施配置工程量，缩短了建设工期。

2. 工作区办公设施一切从简

新建矿井办公设施一切从简，小井改造一般原有设施可利用的只做简单维修，这样不仅节省了投资，而且缩短了土建工期。如榆家梁煤矿和大海则煤矿地面只设几间简单的平房作为办公场所，其他不是生产必需的生活服务设施一律不建，大部分力量投入到矿建工程中，对加快矿井建设的速度起到了积极作用。

3. 主井运输系统与地面洗选系统集成布置

一是将主井运输系统的带式输送机直接与原煤仓搭接布置，取消了主井带式输送机驱动装置硐室、卸载硐室和上仓带式输送机。二是将地面破碎机与井下带式输送机联合布置，简化了地面筛选生产系统。

4. 矿井采用斜硐开拓方式

矿井设计时，充分考虑矿区煤层赋存条件的优势，采用斜硐开拓新方式，将主要巷道均布置在煤层中，尽可能不掘或少掘岩巷。井筒与布置在煤层中的大巷直接连通，取消了井底车场。开拓大巷由 1 条主要运输大巷、1~2 条辅助运输大巷和 1 条回风大巷组成，简化了主要运输和辅助运输及通风系统。

5. 采用无轨胶轮车辅助运输方式

矿井辅助运输全部采用无轨胶轮车，人员、材料和设备从地面可直达工作面，实现了辅助运输连续化，减少了中间转运环节，装卸方便，速度快，能力高，成本低，安全可靠，极大地提高了辅助运输效率。

6. 采用连续采煤机快速掘进和锚杆支护

以先进的连续采煤机及其配套设备为基础，采用大断面全煤巷锚杆支护技术及运输巷道与回风巷道双巷布置方式，既保证了掘进与支护平行作业，又满足了长距离大断面掘进通风要求，实现了连续采煤机快速掘进。

7. 矿井大巷条带布置

因斜硐开拓方式、辅助运输无轨胶轮化的实施及长距离大断面掘进通风困难问题的解决，促进了准备巷道和回采巷道布置方式的改革，由传统的盘区巷道布置改为大巷条带布置，回采工作面直达井田边界，不设盘区，取消了准备巷道，将传统设计的矿井→盘区（采区）→工作面的三级划分，变革为矿井→工作面二级划分，简化了矿井系统，节省了

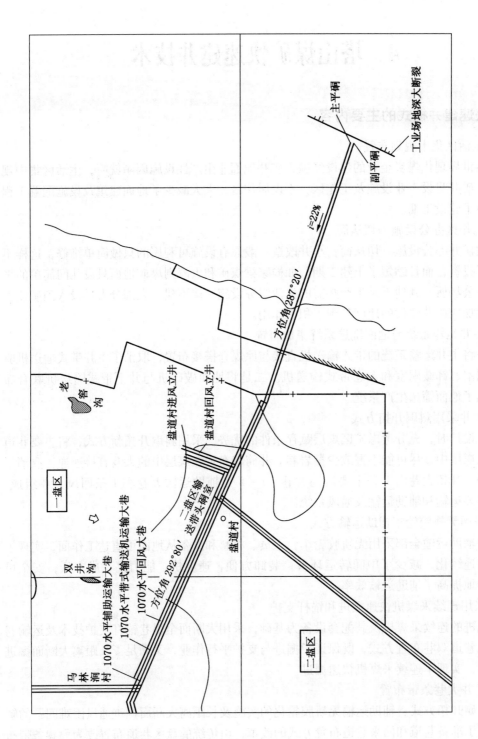

图 4-1 主、副平硐平面布置图一

井巷工程。

8. 地面箱变与井下移变配合的远程供电方式

传统的矿井供电方式，既要在井下设中央变电所，又要设采区变电所，无论是矿建工程还是安装工程施工量都较大。而采用地面箱变与井下移变配合的远程供电方式减少了供电环节，降低了故障率，保证了采掘设备正常的供电要求，为矿井快速建设提供了可靠的电力保证。如榆家梁煤矿和孙家沟煤矿井下均未设中央变电所及采区变电所，全部由地面箱变直接向井下移变以 10 kV 供电，在矿井建设期间，也只是在煤层巷道中设置简易变电所，减少了硐室工程量，缩短了矿井供电系统的建设工期，节约了资金。

4.2 矿井开拓方式与井筒设计技术特征

塔山煤矿采用平硐、立井混合开拓方式。主、副平硐平行掘至 3—5 号煤层，主运输系统采用带式输送机连续运输方式，主平硐与运输大巷带式输送机直接搭接，无缓冲煤仓。

主、副平硐是整个矿井的主要连锁工程，矿井投产后主平硐担负整个矿井的出煤任务，副平硐担负整个矿井的物料运送和杨家窑广场的行人、辅助通风任务。两井口相距36 m，同方向掘进，井筒到底后主、副平硐分别与 1070 带式输送机运输大巷和 1070 辅助运输大巷相接。主、副平硐平面布置图如图 4-1 和图 4-2 所示。主、副平硐施工现场如图 4-3 所示。

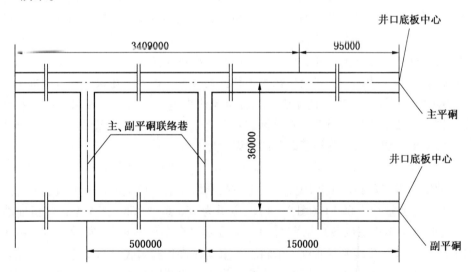

图 4-2　主、副平硐平面布置图二

主平硐设计长度为 3500 m，其中，表土段长度为 95 m，坡度为 3°，$S_{掘}=25.215$ m²，$S_{净}=18.426$ m²，浇灌混凝土永久支护，混凝土厚度为 350 mm，铺底混凝土厚度为350 mm，混凝土标号为 C18。基岩段长度为 3405 m，坡度为 22 ‰，$S_{掘}=21.59$ m²，$S_{净}=18.426$ m²，锚喷支护（锚杆为树脂锚杆，其规格为 $\phi18$ mm，$L=2000$ mm，数量为 7 根/m，排间距为 1000 mm×900 mm，喷厚为 120 mm，混凝土标号为 C20），铺底混凝土厚度为100 mm，水沟长度为 3405 m，混凝土标号为 C18。

图4-3 主、副平硐施工现场

主、副平硐联络巷设计每500 m掘一条，第一联络巷距平硐口110 m，每条联络巷长度为30.88 m，共计216.16m。$S_{掘}=20.48$ m²，$S_{净}=18.82$ m²，锚喷支护（锚杆为树脂锚杆，其规格为$\phi18$ mm，$L=2000$ mm，数量为9根/m，排间距为1000 mm×900 mm，喷厚为120 mm，混凝土标号为C20，铺底混凝土厚度为150 mm）。

主、副平硐出现岩石性质变化地段时，需设置沉降缝，缝宽为10 mm，沉降缝用不燃性材料充填，壁后用砂浆充填密实，以防漏水。

4.3 塔山煤矿TBM主平硐掘进技术

4.3.1 TBM系统巷道施工流程与工艺

4.3.1.1 TBM系统简介

TBM系统是集机械、电子、液压、激光、控制等技术为一体的高度机械化和自动化的大型地下隧道开挖、衬砌支护的成套装备系统，其核心设备是全断面掘进机。全断面隧道掘进装备实现了全岩隧道连续掘进，是集切割岩石、装载及转运岩渣、降尘等功能为一体的大型高效联合作业系统，并实现了自动控制与离机遥控操作。近年来从国外引进了全断面隧道掘进装备与技术，主要应用在水工和公路隧道工程中。在煤矿巷道掘进中，一直未引用TBM掘进系统，多采用钻爆法和综合机械化掘进法。目前，煤和半煤岩巷已经广泛采用综掘法，效率较高；但全岩巷道掘进基本上仍采用传统的钻爆法施工，钻爆法掘进速度慢、效率低、成本高，制约了矿井的建设速度。

塔山煤矿所使用的TBM全断面隧道掘进机由美国罗宾斯公司制造，于1992年引进，曾在著名的山西省引黄隧道工程中应用。由主机和后配套系统组成，机组组装后总长度达300 m以上，总质量约为600 t（图4-4）。主机为160系列155-274型，主机前端刀具如图4-5所示。TBM主机参数见表4-1。后配套平台车如图4-6所示，运行在隧硐底部铺设的轨道上，并在其末端通过3个斜坡节重新连接到隧硐底部的轨道上。后配套将确保该平台上的所有施工活动安全有效地进行。为确保快速错车和长隧硐快速掘进，加利福尼亚道岔提供了足够的双线长度，所有进入设备区的火车均在该平台车上调配和运行。

表4-1 TBM主机参数

项 目	参 数	项 目	参 数
开挖直径/m	4.82	主轴承	锥形滚珠
刀具型式	背负式和前负式	刀具数/个	34
刀具长度/mm	432	刀盘最大工作推力/kN	7562

表 4-1（续）

项 目	参 数	项 目	参 数
单刀载荷/kN	222	刀盘驱动	液压自动离合马达
最大推进力/kN	20450	刀盘转速（近似）/(r·min⁻¹)	9.5 或 4.7
刀盘功率/kW	960（6×160）	掘进冲程/m	1.4
刀盘转矩（稳定功率）/(kN·m)	966/1932	衬砌预制件长度/m	1.2
辅助液压缸冲程/m	1.8	液压系统最大压力/Pa	345×10^5
最大推力时液压系统压力/MPa	31	马达电力系统	660 V 三相 50 Hz
液压系统功率/kW	30	变压器容量/(kV·A)	1800（2×900）
控制系统和照明	220 V，50 Hz	输出电压/V	660
输入电压/V	11400	机器总重（近似值）/t	319
安装机械手功率/kW	37		

后配套平台车上的主要设备有 TBM 辅助设备液压电力系统、变压器和安全保护回路、带式输送机、推车器、新鲜空气配给系统、主压风管送出设备、高压电缆送出设备、压力水管、钻孔设备、喷射混凝土设备、循环通风除尘降噪设备等。后配套内设备将使支护施工同隧道掘进不发生干扰。

图 4-4　TBM 主机和后配套系统

4.3.1.2　巷道施工流程

巷道施工流程如图 4-7 所示。

4.3.1.3　TBM 施工工艺

1. 掘进

开挖时，前护盾和刀盘在主液压缸的推动下前进。刀盘在马达带动下旋转时，使刀盘上均匀分布的刀具紧压岩石并围绕自身轴转动。岩石在刀具的强大压力下破裂，被转动的铲斗收集进入带式输送机输送系统。抓器护盾（后护盾）上的一对大型支撑掌在 4 只液压缸作用下紧紧撑住硐壁，为前护盾和刀盘的前进提供推力。TBM 运行循环包括两个阶段。

第一阶段，刀盘在马达带动下选择掘进时，后护盾保持不动为其提供推力。带式输送机向出渣车装料，整个后配套系统保持静止。

图 4-5　TBM 主机前端刀具

图4-6 后配套平台车

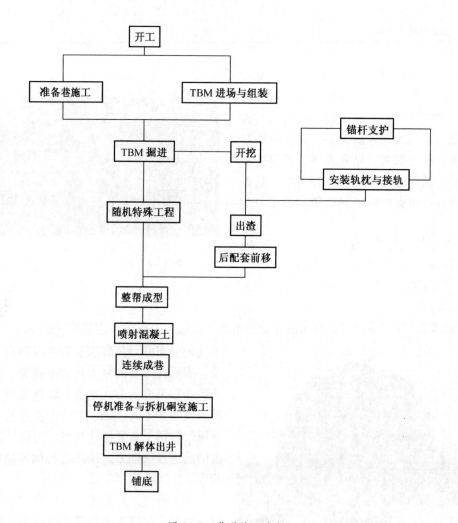

图4-7 巷道施工流程

第二阶段，刀头停止转动，前护盾被稳定器支撑而固定于隧硐围岩壁。这时，通过液压缸反作用来拖拽后护盾向前运动。本阶段结束时，由专用液压缸带动牵引杆拖动后配套前进。如此往复，然后接着进行下一个开挖循环。

在上述第一阶段，TBM还需完成轨枕的安装（当未安装钢轨的轨枕长度达到12.5 m时，接长钢轨）。位于开挖断面底部的预制的钢筋混凝土轨枕在就位时，应安放好塑料连接销，并在辅助液压推力缸的作用下挤紧。当安装钢轨时，应在每组固定螺栓处的轨枕表面上安放一片塑料垫片作为缓冲。钢轨通过压板由螺栓紧固在事先预埋有塑料螺纹套管的螺孔内。

在第二阶段，在后配套平台车向前移动时，多种用于隧硐内服务的设施（通风管、电缆、高压软水管及轨道）将通过各自的装置自动延伸。

计算机控制的ZED激光导向系统可向操作员提供刀盘和前护盾位置相对于理论隧硐轴线的精度达到毫米的误差。

操作员在驾驶室通过液压系统来控制TBM的掘进速度，监测TBM的位置和开挖方向。需要时操作员可随时进行TBM的方向修正。

开挖出的渣料，通过出渣系统输送到硐外。出渣系统为轨道车输送系统。

2. 整帮成型

断面扩挖在TBM后配套后的适当部位进行，采用爆破法。其作业在TBM工作时间内进行；而其清渣则可部分利用停机检修时间进行。钻孔、清孔、裂石、清渣、开挖过程可以分成较短的工作段，既可以连续进行，也可以间隔进行。

3. 支护

锚喷支护在后配套的滚动支撑段内进行。喷射混凝土采用湿喷、低回弹技术。

在巷道断面的上半圆内，每间隔约20°安装一根锚杆，共7根，以正中的一根为基准对称。锚杆间距约为900 mm，施工中孔位偏差控制在±50 mm，锚杆长度为2000 mm，为树脂锚杆，铁托板，锚杆排距为1000 m。锚杆安装完毕后分两次喷射混凝土，每次喷厚约60 mm，共厚120 mm。当掺加合适的外加剂时，经试验证实，也可一次喷射完成。喷射混凝土的强度等级为C20。

喷射混凝土在TBM后配套的前端的两个区域依次、同时（或连续）进行，第一次喷射混凝土在钻孔机之后，第二次喷射混凝土在操作室之后，两次间隔约20~30 min。

喷射混凝土原材料在巷道外面进行配合，然后运进硐内。装料和运输过程中要采取措施防止集料富积。喷射混凝土采用湿喷法，并采用适当的外加剂，通过试验尽可能减少回弹。成型巷道断面如图4-8所示。

4.3.2 TBM过软岩、破碎岩层施工技术

4.3.2.1 铝矾土地段支护措施

铝矾土地段由于遇水发生局部地段冒顶塌方，给隧硐施工安全留下隐患，为了保证隧洞施工安全，采用如下支护措施。

1. 临时支护

（1）钻孔采用岩石电钻，减少钻孔对围岩的扰动。

（2）锚杆采用ϕ18 mm树脂锚杆，长1700 mm，间距900 mm，排距1000 mm。托板采用混凝土托板。

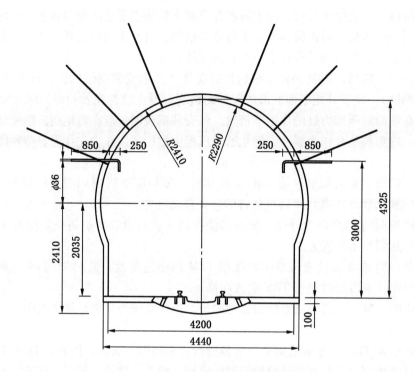

图4-8 成型巷道断面图

（3）挂设 ϕ6 mm 钢筋网，网孔 100 mm × 100 mm。

（4）喷射混凝土厚度不小于 80～100 mm。

4.3.2.2 永久支护按主平硐开拓工程锚喷支护进行

1. 临时支护

（1）钻孔采用岩石电钻，减少钻孔对围岩的扰动。

（2）锚杆采用 ϕ18 mm 树脂锚杆，长 1700 mm，间距 900 mm，排距 1000 mm。托板采用混凝土托板。

（3）挂设 ϕ6 mm 钢筋网，网孔 100 mm × 100 mm。

（4）喷射混凝土厚度不小于 80～100 mm。

2. 隧硐支护改进措施

为了保证及时支护，同时为了保证作业人员的施工安全，对 TBM 尾部加设的保护护盾进行了改造。保证在发现顶板及围岩破碎的情况下，支护能够及时跟进。

（1）指形护盾设计。根据指形护盾工作特点，结合隧硐临时支护的方式，指形护盾设计长度 500 mm，宽度 900 mm，缝宽 100 mm。结构上由于改变了护盾原来的受力，因此必须对指形护盾进行加固，每一块指形护盾手指必须有两根 20 号工字钢作为主要受力构件。

（2）钻孔施工。钻孔施工可直接在护盾内进行，并在钻孔、清孔结束后，直接在护盾内安锚杆，当锚杆一离开护盾，快速安托板，这样可最大限度地保证顶板支护及时、稳定。

3. 特别破碎围岩支护措施

对于特别破碎围岩，在指形护盾内按钢拱架安装要求，在每一个指内打两个孔并安两根锚杆。当锚杆一离开护盾，及时挂网安装钢拱架进行支护。

4.3.2.3 冒顶塌方地段支护措施

1. 技术要求

（1）锚杆间排距900 mm×1000 mm，并以测量放样位置钻孔，其位置、钻孔深度均应符合施工规范标准。

（2）锚杆必须采用施工设计的长度和型式，并安装牢固，务必使托板密贴岩壁楔紧。

（3）采用φ6 mm钢筋网，网孔100 mm×100 mm。

（4）喷射混凝土。首先必须清除硐壁上的石粉、泥土、松散岩石，然后按照试验确定的施工配比配料、拌和、分层喷射，喷射厚度、平整度必须符合设计图及施工规范要求。

（5）塌方段挂网锚喷支护仅作为临时支护，永久支护仍按原设计进行。

（6）施工规范标准，其中，锚杆施工见表4-2，喷射混凝土施工见表4-3。

表4-2　锚杆支护施工参数　　　　　　　　　　　　　　　mm

项　目	设　计　值	允　许　偏　差
间距	900	±100
排距	1000	±100
孔深	1930	0～+50
角度	不限	按实际施工情况确定
外露长度		露出托板≤50
抗拔力		不小于设计值的90%

表4-3　喷射混凝土施工参数　　　　　　　　　　　　　　mm

项　目	设　计　值	允　许　偏　差
净宽	4580	0～+200
中线左	2290	0～+150
中线右	2290	0～+150
拱高	2290	0～+100
喷厚	100	不小于设计值的90%
表面平整度		≤50

2. 进度要求

喷锚支护的钻孔、锚杆安装、喷射混凝土的进度应尽快跟上TBM并与TBM掘进进度同步，日均进度30 m。在保证掘进施工的情况下，协调一致，加快进度，需要时必须进行连续施工。

4.3.3 TBM 过煤层施工技术

4.3.3.1 顶板及围岩破碎的支护

1. 支护方式

煤巷支护方式改为锚杆、锚索、挂网锚喷支护。

（1）钻孔采用岩石电钻和煤电钻，减少钻孔对围岩的扰动。

（2）锚杆采用 ϕ18 mm 端锚固树脂锚杆，长为 2000 mm，顶部间距由 900 mm 改为 800 mm，排距为 1000 mm，锚杆数由原来的 7 根/m 增为 9 根/m；护帮锚杆，长度为 2000 mm，间距为 1500 mm，三花布置；金属托板均改为混凝土托板。

（3）在巷道顶部增加锚索，锚索采用 ϕ15.5 mm 钢绞线，长度一般为 5000 mm，间距为 1800 mm，排距为 3000 mm。锚索托板采用厚 10 mm、长×宽 = 350 mm×350 mm 的钢板。

（4）托板后挂设 8 号铅丝网，网孔 100 mm×100 mm。

（5）喷射混凝土厚度不小于 80～100 mm。

2. 隧硐支护改进措施

为了保证及时支护，同时为了保证作业人员的施工安全，对 TBM 尾部加设的保护护盾进行改造。保证在发现顶板及围岩破碎的情况下，支护能够及时跟进。

4.3.3.2 瓦斯涌出的防治

1. 通风管理

首先加强通风管理，制定通风管理措施并严格执行。同时安装备用发电机组，保证硐内有作业人员的情况下，一旦发生停电事故，隧洞能够进行正常通风。

2. 瓦斯检测

根据现有瓦斯检测设备的配置，在机组机头部和机组机尾部挂设便携式瓦斯检测仪，便于机组人员随时了解隧洞瓦斯情况。

每班配备瓦斯检测人员，正常每班检测 3 次，要求及时向上级主管部门进行汇报。

遇有电、气焊作业，必须制定电、气焊作业规程，焊前、焊中、焊后随时检测瓦斯浓度，一旦发生瓦斯超标，应立即停止作业，加强通风。

3. 改善电气设备防护

（1）对不防爆的照明设备，必须坚决更换或拆除。

（2）机组安装的插座全部采用防爆插座。

（3）对其他电气设备，必须用密封胶进行密封。

（4）加强对电气设备、供电线路、用电设备的管理和检查。

4.3.3.3 松软底板的掘进施工

在 TBM 掘进施工过程中，如果发现底板松软、机组下沉且调整困难时，每掘进一个行程，应将机头缩回，由作业人员在机头前钻孔进行化学灌浆固结，当底板达到一定强度后机组继续掘进，如此反复。

4.3.4 TBM 过寒武系溶洞施工技术

4.3.4.1 工程概况

2003 年 12 月 7 日，TBM 在掘进施工时，工作面前方出现大面积寒武系溶洞，里面充满水。溶洞围岩为方解石晶体，厚度较大，位于平硐轴线左侧前方。溶洞实测情况如图 4-9 所示，溶洞实况如图 4-10 和图 4-11 所示。

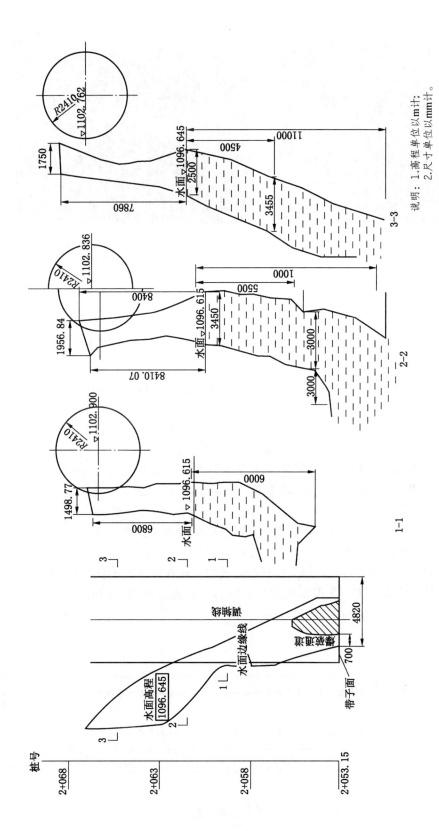

图 4-9　溶洞实测情况

图4-10　溶洞实况一　　　　　　　　　　图4-11　溶洞实况二

4.3.4.2　施工方法

1. 施工工艺

爆破回填→准备硐施工→锚喷支护→钢结构安装→混凝土施工→TBM推进。

2. 施工方法

（1）炮掘回填。炮掘采用孔距0.5 m、孔深0.7 m的小炮进行，保证顶底板完整。掘进后的渣石回填到溶洞内，每回填一层，采用水压爆破进行夯实，以保证回填密度，防止渣料塌方造成事故。当回填料高至底板比TBM底线低1 m处时，对上部回填料进行泵送混凝土固结，以保证TBM底板的稳定，并同时封堵溶洞涌水。

（2）侧顶板挂网锚喷支护。侧顶板破碎地段（为方解石或泥岩），支护采用树脂锚杆，间距900 mm，排距500 mm，呈梅花布置，锚杆焊接挂钢筋网，并喷射C20混凝土。

一侧破碎、一侧完整时按全断面进行支护，以保证形成整体支护。

（3）TBM底板铺底混凝土施工。底板在TBM从底线0.25 m处开始，安装型钢结构和滑轨，型钢梁在右侧掏槽架设，以加大底板受力面积。所有钢结构及滑轨必须与锚杆焊接牢固，然后浇筑C40混凝土。当混凝土达到C20以上强度，底板达到承载要求时，方可开机滑行。钢结构平面布置如图4-12所示。

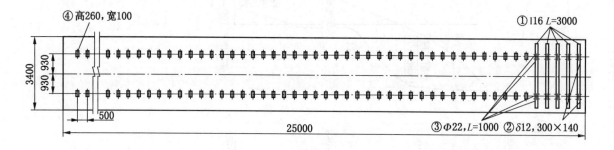

图4-12　钢结构平面布置图

（4）溶洞回填段钢筋混凝土梁施工。当渣石料回填超出水面 1 m 以上时，首先平渣料，然后泵送混凝土抹平作为纵横梁模板。

在硐壁掏槽安设钢结构梁，要求掏槽孔进入岩体以上，并与锚杆焊接固定，掏槽孔回填混凝土并捣密实，纵横梁上铺设 $\phi22$ mm 螺纹钢并点焊固定，然后浇筑 C40 混凝土。

（5）准备硐施工要求。TBM 掘进断面直径为 4.82 m，滑轨高出滑道底面 2 cm，前支撑和后撑脚最大伸出长度 10 cm，因此成型断面直径应不大于 4.88 m 且不小于 4.82 m。TBM 滑行断面图如图 4-13 所示。

炮掘过程中，按挂网锚喷 150 mm 的 C20 混凝土进行支护。

（6）TBM 通过溶洞回填段。当一切准备就绪，首先拆除 TBM 边刀，然后开机缓慢前进，通过溶洞地质段，当 TBM 完全进入准备硐时，安装边刀后进行正常掘进。

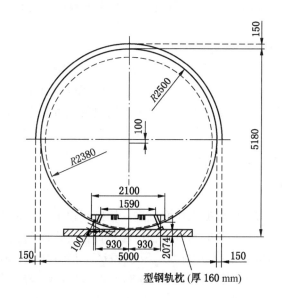

说明:

1. 依照溶洞实例图，1-1，2-2，3-3，5-5 断面图。

2. $\phi18$ mm 树脂锚杆支护，长 2000 mm，间距 900 mm，完整石灰岩地段，排距 1000 mm，
破碎段排距 500 mm，梅花形布置，要求必须构成完整支护。

3. 破碎段挂 $\phi8$ mm 钢筋网，喷 C20 混凝土，完整石灰岩段直喷。

4. 底板采用 C16 槽钢铺底，C40 早强混凝土浇筑。

5. 图中单位以 mm 计

图 4-13　TBM 滑行断面图

4.3.5　实施效果

塔山煤矿主平硐于 2003 年 8 月 1 日正式开始掘进施工。2004 年 4 月 25 日全部工作结束，巷道施工总进尺 3400 m，最高月进尺 560 m，平均月进尺 483 m，最高日进尺 65 m。与钻爆法相比（平均月进尺 150 m），掘进速度提高了 3 倍多，比原计划提前了 15 个月完成主平硐的开掘。主平硐虽然初期投资 3000 万元，折合每米巷道投资 8823 元，比采用钻

爆法的副平硐高（副平硐投资 7000 元），但是由于缩短了矿井的建设工期，使该矿井的投产日期大大提前，特别是在当前煤炭销售形势较旺的情况下，由此产生的经济效益是巨大的。以矿井投产提前一年、初期一个工作面生产（年产 5 Mt）计算，获得经济效益87000 万元。

在主平硐 TBM 掘进中成功解决了多个复杂地质条件下的施工问题。2003 年 12 月 9 日遇见寒武系溶洞，斜交长 23 m，宽 7 m，溶洞内充满积水，有关部门请专职潜水员探查下潜 20 m，未测出溶洞底部深度。经采用爆破回填、准备硐施工、锚喷支护、钢结构安装、混凝土施工、TBM 推进等施工工艺，历时 45 d，成功穿越寒武系溶洞。主平硐掘进到桩号 2 + 690 ~ 2 + 942，巷道岩性为铝矾土的地段时，由于铝矾土遇水膨胀，隧硐多处出现垮塌和冒顶，给隧硐施工安全留下隐患。采取了有特殊支护的有效措施后，安全通过了该地段。巷道在掘进到桩号 1 + 990 ~ 2 + 008 和巷道收尾阶段遇见 3—5 号煤层，煤质松软，瓦斯涌出量为 0.52 m³/min，采用了特殊支护，以及防治瓦斯的有效措施，实现了安全掘进并顺利到位停掘。

通过 TBM 系统的使用，缩短了矿井的建设工期，加快了塔山煤矿建设的步伐，为大同煤矿集团公司的战略转移和可持续发展作出了贡献；TBM 系统使得所有施工作业均在可靠支护下进行，进一步提高了作业安全性，生产效率也得到了很大提高，而且提高了巷道原岩自撑能力，减少了巷道维护费用，增加了巷道的服务年限，同时避免了爆破产生的烟雾粉尘，改善了施工作业环境，保障了工作人员的健康。

4.4 塔山煤矿煤层巷道掘进技术

4.4.1 掘进设备

塔山所有煤巷工程均由煤综掘工作面掘进；辅助运输上山、带式输送机巷抬头段、部分过断层岩巷工程、风桥及必要的硐室工程由岩巷普掘工作面掘进。

综掘工作面配备 S100A 型或 S200 型、SZ - 800/11 型转载机、SJJ - 800 型可伸缩胶带输送机、Flelcher 型锚杆打眼安装机、2BKTN06.3/2 × 30 kW 型局部通风机、MYT - 120C 型锚索钻机、TXU - 75A 型探水钻机以及自吸式小水泵、激光指向仪等设备。大巷综掘工作面还配备了混凝土喷射机、混凝土搅拌机、喷射混凝土液压机械手等设备。岩巷普掘工作面配备风镐、气腿式风动凿岩机、煤电钻、耙斗装岩机、混凝土喷射机和混凝土搅拌机、喷射混凝土液压机械手、局部通风机等设备。

掘进出煤可伸缩带式输送机运至各盘区大巷带式输送机，再运至各盘区煤仓。辅助运输采用无轨胶轮车。

4.4.2 巷道断面和支护形式

根据巷道布置，为方便工作面回采和节省工程费用，所有工作面巷道及横贯一般采用矩形断面。+1070 m 水平大巷和各盘区大巷及过构造带和抬头段等穿层巷道、硐室工程均为半圆拱断面。围岩条件较好时采用锚网喷加锚索支护，围岩条件较差时采用锚网喷加29U 型钢支护。1070 主要运输巷和 1070 辅助运输巷之间每隔 60 m 设一条联络巷，其中每隔 300 m 设一条永久联络巷，永久联络巷采用锚喷支护，喷射混凝土标号为 C20，两排锚杆护帮，其他联络巷采用锚杆与锚索支护，一排锚杆护帮。顶板锚杆采用混凝土托板，护帮锚杆采用铁托板。1070 主要运输巷、1070 辅助运输巷、主要运输巷与辅助运输巷的联

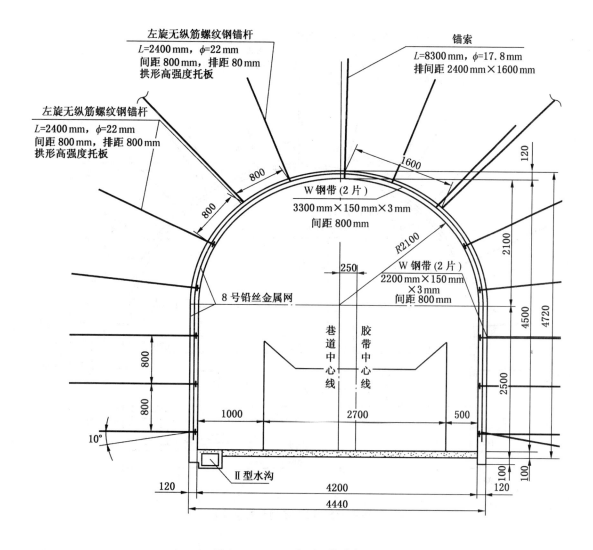

图 4-14 1070 主要运输巷断面

络巷、1070 回风巷断面布置如图 4-14 至图 4-17 所示。

1070 主要运输巷净断面面积为 17 m²，设计掘进断面面积 18.8 m²，设计掘进宽度 4440 mm，高度 4720 mm，喷射厚度 120 mm，支护锚杆类型为树脂锚杆，锚杆外露长度 100 mm，排列方式为三花排列，排间距为 800 mm×800 mm，锚深为 2300 mm，锚杆直径为 22 mm，净断面周长为 15.59 m。

1070 辅助运输巷净断面面积为 19 m²，设计掘进断面面积 21.5 m²，设计掘进宽度 5800 mm，高度 4350 mm，喷射厚度 100 mm，支护锚杆类型为树脂锚杆，锚杆外露长度 100 mm，排列方式为三花排列，排间距为 700 mm×700 mm，锚深为 2300 mm，锚杆直径为 22 mm，净断面周长为 16.8 m。

主要运输巷与辅助运输巷的联络巷净断面面积为 17.8 m²，设计掘进断面面积 19.5 m²，设计掘进宽度 5400 mm，高度 4200 mm，喷射厚度 100 mm，支护锚杆类型为树

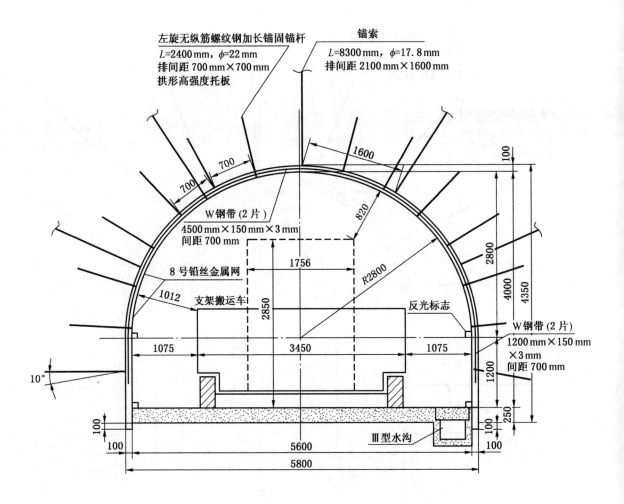

图 4-15 1070 辅助运输巷断面

脂锚杆，锚杆外露长度 100 mm，排列方式为三花排列，排间距为 700 mm×700 mm，锚深为 2300 mm，锚杆直径为 22 mm，净断面周长为 16.2 m。

1070 回风巷净断面面积为 17.8 m²，设计掘进断面面积 19.5 m²，设计掘进宽度 5400 mm，高度 4200 mm，喷射厚度 100 mm，支护锚杆类型为树脂锚杆，锚杆外露长度 100 mm，排列方式为三花排列，排间距为 700 mm×700 mm，锚深为 2300 mm，锚杆直径为 22 mm，净断面周长为 16.2 m。

4.4.3 顶板高位抽采巷快速掘进

塔山煤矿为了防治瓦斯的需要，设置了顶板高位抽采巷。以 8106 工作面顶板高位抽采巷为例。8106 顶板高位抽采巷是塔山矿井 8106 回采工作面的辅助回风巷，设计全长约 2702 m，与 5106 巷平行布置。8106 顶板高位抽采巷开口和正巷 50 m 由炮掘完成，从该巷回风绕道口向里以 5°30″上山掘进，至见 3—5 号煤层顶板后在 3—5 号煤层顶板稳定岩层中掘进，由于穿层，施工比较困难，在打眼过程中，合理的布置掏槽眼、辅助眼、周边眼，采用正向的装药方式，每茬炮进尺平均 1.8 m，日进均达到 3.6 m 以上。

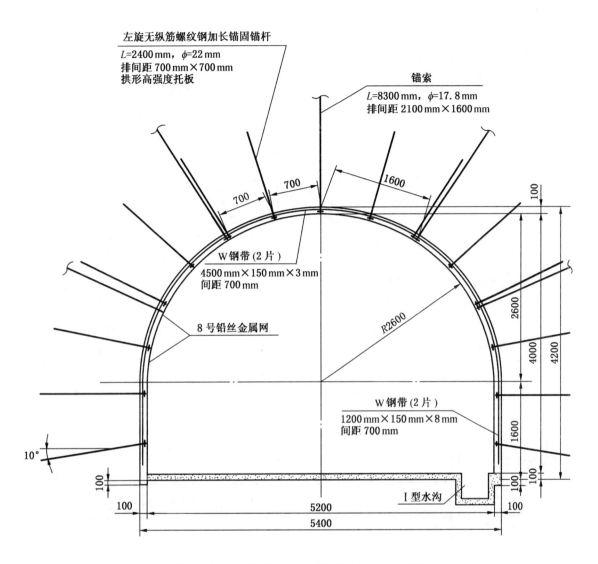

图4-16 主要运输巷与辅助运输巷的联络巷断面

为了进一步提高施工速度，使用了EBZ 160型掘进机。巷道断面：4 m×3.1 m；支护形式：顶锚杆支护：$\phi22$ mm×2000 mm，间排距为800 mm×800 mm；顶锚索支护：$\phi17.8$ mm×5300 mm，一排支护3根锚索；两帮支护：$\phi22$ mm×2000 mm，间排距为800 mm×800 mm（图4-18）。

巷道调整支护形式后，掘进速度明显加快，掘进进尺可提高2 m/d。炮掘改为机掘后每个循环可节省时间3 h，掘进进尺可提高5 m/d。巷道掘进速度由原来的月进尺150 m，提高到月进尺344 m，掘进效率提高了2倍。

4.4.4 巷道掘进进度

国内岩巷掘进平均月进尺120 m，煤巷综掘平均月进尺300~500 m，有的高达900 m，连续采煤机月掘进速度1500 m，目前神东矿区连续采煤机工作面平均月进2500 m以上，最高月进达3000 m。塔山煤矿各类巷道掘进进度指标见表4-4。

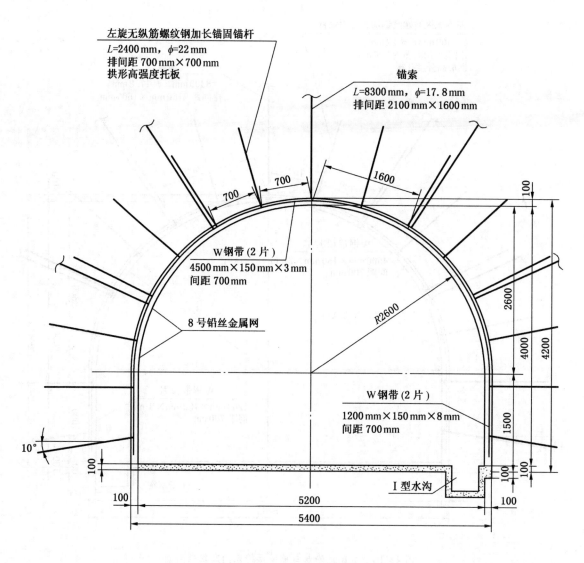

图 4-17 1070 回风巷断面

表 4-4 塔山煤矿各类巷道掘进进度指标

井巷道工程名称	围岩类别	掘进进度指标
主要运输、进回风大巷及横贯	岩石	120 m/月
	半煤岩	350 m/月
	煤	500 m/月（综掘）
硐室工程	岩石	800 m³
工作面巷道及横贯	煤	500 m/月（综掘）
开切眼	煤	400 m/月
顶板高位抽采巷	煤	340 m/月

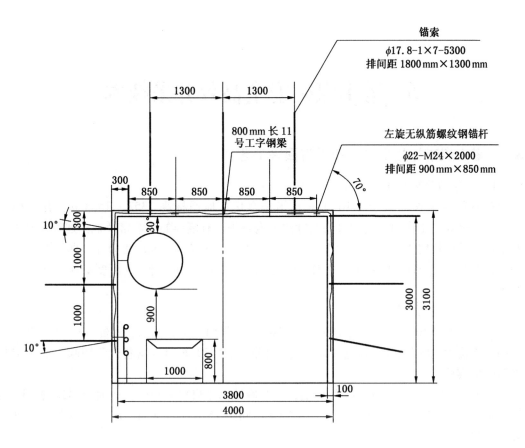

图 4-18 8106 顶板高位抽采巷断面

5 塔山煤矿安全高效开采技术

5.1 塔山煤矿综放工作面布置与回采工艺

5.1.1 工作面位置及井上下关系

8105 综放工作面位于 +1070 m 水平一盘区，地面标高 1352~1568 m，井下标高 1015~1038 m。工作面对应地表为茶叶沟、沟谷等，有废弃的小煤窑及地面建筑，开采侏罗系煤层的小煤窑 4 座。工作面东为实煤区，南以 +1070 m 回风巷为界，西为盘道进风联巷，西北邻南郊塔山煤矿。工作面走向长度 2965.9 m，倾斜长度 207.0 m，面积 613941.3 m²。

井下位置及与四邻关系：

（1）工作面位于一盘区的中部，东邻 8104 工作面，正在回采；西邻 8106 工作面，未开掘；南接 1070 回风巷，连通 1070 主要运输巷、1070 辅助运输巷；开切眼以北为口泉铁路保护煤柱。

（2）上覆为侏罗系 14、15 号煤层，同煤麻地湾小煤窑采空区，地面无建筑物，14 号煤层盖山厚度 17.5~109.9 m，14、15 号煤层间距 15.6~18.4 m，15、3—5 号煤层间距 314~320 m。

3—5 号煤层为黑色，半亮型、暗淡型，玻璃光泽、沥青光泽，属复杂结构煤层，煤层总厚 9.42~19.44 m，平均 14.50 m；利用厚度 10.17~15.43 m，平均厚度 13.32 m；含 4~14 层夹矸，夹矸总厚度 0.41~3.89 m，平均 0.96 m，夹矸单层厚度 0.03~1.16 m，夹矸岩性为褐灰色高岭岩、高岭质泥岩、黑灰色炭质泥岩、砂质泥岩，局部为深灰色粉砂岩。

工作面内共有断层 50 余条，落差 0.1~2.0 m，对回采影响大。工作面正常涌水量 0.034 m³/min，最大涌水量 0.07 m³/min。

5.1.2 工作面巷道概括及用途

本盘区位于 1070 大巷北侧，矿井采用集中大巷条带式布置方式。盘区直接利用 3 条平行 1070 大巷作为盘区巷道，1070 辅助运输巷与 1070 主要运输巷间距 46.55 m，1070 主要运输巷与 1070 回风巷间距 45 m。1070 辅助运输巷采用胶轮车运输。

8105 工作面为一进一回一抽三巷布置，3 条巷道与 1070 大巷的夹角为 82°35′44″。其中，2105 运输巷、5105 回风巷沿 3—5 号煤层底板布置；8105 顶板高抽巷沿 3—5 号煤层顶板布置。2105 运输巷与 1070 主要运输巷、2105 运输巷与 1070 辅助运输巷通过斜巷相连接，5105 回风巷与 1070 辅助运输巷连接。

2105 巷为进风、运煤巷，在非采煤帮侧稳设转载机、带式输送机，吊挂 6 趟管路，分别为 6 寸（198 mm）注氮管、4 寸（132 mm）注浆管、4 寸（132 mm）供水管、4 寸（132 mm）排水管、3 寸（99 mm）供水管、2 寸（66 mm）排水管各一趟；在采煤帮侧铺设轨道，在该轨道上稳设移动变电站、各部开关、自动控制站、乳化液泵站、喷雾泵站等组成移动串车。两趟 10 kV 电缆，一趟 660 V 及各种监测监控线吊挂在巷帮上。小型运输车可进入巷内。5105 巷回风兼作材料、设备的运输巷。底板铺设厚 200 mm 混凝土作路基，在采煤帮吊挂 10 kV、660 V 电缆各一趟及各种监测监控线。其中，10 kV 电缆吊挂至巷道距 1070 回风巷口 1500 m 位置处，与移变相连接，660V 电缆全巷布置。在非采煤帮吊挂 6 寸（198 mm）注氮管、4 寸（132 mm）注浆管、3 寸（99 mm）供水管、4 寸（132 mm）排水管、2 寸（66 mm）排水管各一趟及 ϕ500 mm 瓦斯抽放管两趟。8105 工作面顶板高抽巷主要解决工作面上隅角瓦斯超标和采空区瓦斯涌入工作面。开切眼位于工作面北部，距 1070 回风巷平均 2965.9 m，与运输巷、回风巷相垂直连通，形成采场，工作面由北向南推进。5102 巷回风兼作材料、设备的运输巷。底板铺设厚 150～200 mm 混凝土作路基，靠东帮吊挂 660 V 电缆一趟，另一侧吊挂一趟 2 寸（66 mm）洒水管，一趟 3 寸（99 mm）排水管。图 5-1 所示为 8102 综放工作面巷道布置。2105 皮带巷为矩形断面，净宽度 5.3 m，净高度 3.5 m，支护采用锚杆＋锚索＋金属网支护（图 5-2），巷道全长 2952 m。5105 回风巷为矩形断面，净宽度 5.3 m，净高度 3.6 m，支护采用锚杆＋锚索＋金属网支护（图 5-3），巷道全长 2980 m，巷道采用混凝土铺底，铺底厚度 200 mm。8105 高抽巷与 5105 巷水平内错 30 m 沿 3—5 号煤层顶板稳定岩层中掘进，矩形断面，净宽度 3.5 m，净高度 3.0 m，锚杆＋锚索＋金属网支护（图 5-4）。8105 工作面切眼掘宽 10 m，净高 3.6 m，切眼长 207 m。锚杆＋锚索＋组合锚索＋金属网＋两排单体液压支柱＋井字木垛联合支护，支架铲运车可从单体液压支柱中间通过。

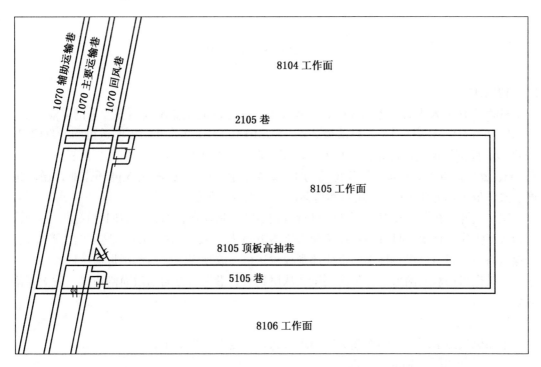

图 5-1 8102 综放工作面巷道布置图

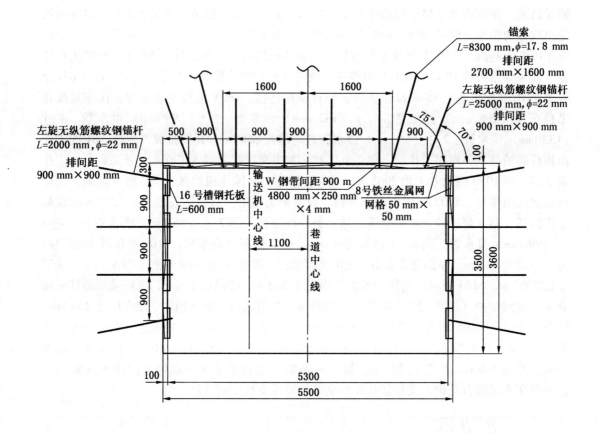

图 5-2 2105 巷断面支护图

5.1.3 采煤工艺

8105 工作面采用单一走向长壁后退式大采高综合机械化低位放顶煤开采的采煤方法，用 MG750/1915-GWD 型采煤机落煤装煤，SGZ1000/1710 型前部刮板输送机和 SGZ1200/2000 型后部刮板输送机运煤，ZF15000/28/52 型低位放顶煤支架支护顶煤、顶板，采高为 4.2 m，放煤高度 10.30 m，采放比约为 1：2.45，按一刀一放的正规循环作业，循环进度、放煤步距都为 0.8 m，采用自然垮落法控制采空区顶板。

工作面开采初期，顶煤塌落能够自行流到后部刮板输送机时，开始回收顶煤，不允许进行人工操作放顶煤，只有当直接顶初次垮落方可人工操作回收顶煤。具体的生产工艺：采煤机斜切进刀→割煤→移架→推前部刮板输送机→放顶煤→拉后部刮板输送机。

采煤机采用双向割煤法，从头到尾及从尾到头，沿牵引方向前滚筒割顶煤，后滚筒割底煤。

1. 采煤机进刀方式

采煤机进刀采用在工作面端头斜切进刀法，其进刀过程如下：

（1）采煤机开至端部或尾部。

（2）升起前滚筒，降下后滚筒，推刮板输送机至工作面端头大约 21 m 处。

（3）采煤机斜切进刀，直至滚筒完全切入煤壁。

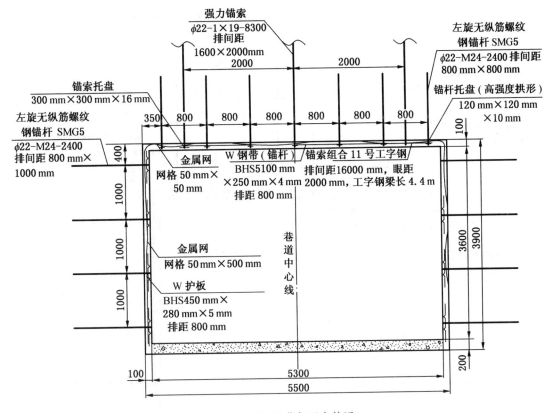

图 5-3 5105 巷断面支护图

（4）对调前后滚筒上下位置，推端部 21 m 处刮板输送机，采煤机开向端部，移架，推前部刮板输送机，放顶煤，拉后部刮板输送机。

（5）对调采煤机前后滚筒上下位置，沿牵引方向，用后滚筒将三角煤段未割部分扫掉。

（6）将采煤机反向牵引，来回 2～3 次，将三角段浮煤扫清之后，采煤机正常割煤至尾部，尾部斜切进刀与头部斜切进刀方式相同。

2. 割煤、装煤

机组前滚筒割顶煤，后滚筒割底煤，依靠后滚筒旋转自动装煤，剩余的煤在推刮板输送机过程中由铲煤板自行装入前部刮板输送机。

由于工作面采高为 4.2 m，2105 巷、5105 巷净高分别为 3.5 m、3.6 m，造成工作面高、两巷低，为防止工作面与两巷、工作面内出现留台阶，工作面割至距两巷 15 m 开始由 4.2 m 采高过渡到 3.5 m、3.6 m 采高。

3. 移架

工作面采用追机作业方式及时支护。拉移支架的操作方式为本架操作，拉架滞后采煤机后滚筒 3～5 架，如顶煤破碎，拉架超前采煤机后滚筒进行移架。移架程序：收回前伸梁→收回护壁板→降前探梁→降主顶梁→移支架→升主顶梁→升前探梁→伸护壁板→伸出前伸梁。同时要将支架移成一条直线，其偏差不得超过 ±50 mm。

4. 推前部刮板输送机

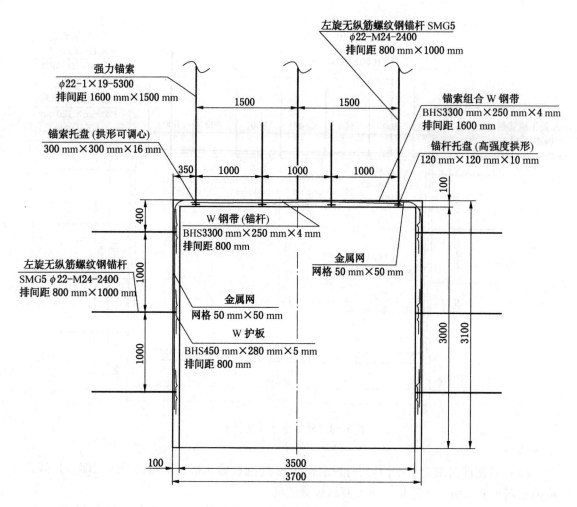

图 5-4　8105 顶板高抽巷断面

左旋无纵筋螺纹钢锚杆 SMG5
φ22-M24-2400
排间距 800 mm×1000 mm

强力锚索
φ22-1×19-5300
排间距 1600 mm×1500 mm

锚索组合 W 钢带
BHS3300 mm×250 mm×4 mm
排间距 1600 mm

锚索托盘 (拱形可调心)
300 mm×300 mm×16 mm

锚杆托盘 (高强度拱形)
120 mm×120 mm×10 mm

W 钢带 (锚杆)
BHS3300 mm×250 mm×4 mm
排间距 800 mm

金属网
网格 50 mm×50 mm

左旋无纵筋螺纹钢锚杆
SMG5 φ22-M24-2400
排间距 800 mm×1000 mm

金属网
网格 50 mm×50 mm

W 护板
BHS450 mm×280 mm×5 mm
排间距 800 mm

工作面前部输送机以支架为支点，由支架整体推移千斤顶，推前部刮板输送机滞后采煤机后滚筒 21 m 以上距离，中部槽在水平方向的弯曲度不得大于 1°，弯曲段长度不小于 21 m，该段保持多个推移千斤顶同时工作，移过的输送机必须达到平、稳、直的要求，推移刮板输送机后，支架的操作手柄打到零位。

5. 放顶煤

按一刀一放正规循环作业。放煤时采用两轮顺序放煤，放煤前后分成两组，每组一人，一组在工作面前半部放煤，另一组在工作面后半部放煤，两组放煤分别从头、尾开始向工作面中部放煤，然后再从工作面中部向工作面头、尾放煤。放煤操作工根据后刮板输送机煤量，控制放煤量。放煤操作工严格执行"见矸关窗"的原则。

6. 拉后部刮板输送机

放煤结束后，顺序将后部刮板输送机拉前，要求和推前部刮板输送机相同。

5.1.4　工作面设备配置

液压支架技术参数和工作面主要机电设备配置见表 5-1 和表 5-2。

表5-1 液压支架技术参数

名称	型号	初撑力/kN	工作阻力/kN	高度/mm	长×宽/(mm×mm)	数量/架
普通支架	ZF15000/28/52	12778	15000	2800~5200	5415×1750	113
过渡支架	ZFG/15000/28.5/45H	12778	15000	2850~4500	6426×1850	7
端头支架	ZTZ20000/30/42	15467	20000	3000~4200	12102×3340	1

表5-2 工作面主要机电设备配置

序号	名称	型号	功率/kW	能力/(t·h⁻¹)	电压/V	数量
1	采煤机	MG750/1915-GWD	1945	2000	3300	1
2	前部刮板输送机	SGZ1000/1710	2×855	2500	3300	1
3	后部刮板输送机	SGZ1200/2000	2×1000	3000	3300	1
4	转载机	PF6/1542	450	3500	3300	1
5	破碎机	SK1118	400	4250	3300	1
6	带式输送机	DSJ140/350/3×500	3×500	3500	10000	1
7	乳化液泵	BRW400/31.5	250	400L	3300	4
8	喷雾泵	BRW500/12.5	132	500L	3300	4
9	带式转载机	JOY	600	4000	10000	1
10	带式破碎机	MMD706系列1150MM	400	4000	10000	1

5.1.5 运输设备及运输方式

1. 运煤设备及装、转载方式

采煤机（落煤）→前部刮板输送机

转载机（经破碎机破碎）→带式输送机（经带

支架（放煤）→后部刮板输送机

式破碎机破碎）→带式转载机→1070输送带→主输送带→1002输送带→1001输送带→地面落煤塔。

2. 辅助运输设备及运输方式

日常运输材料、设备使用防爆胶轮车运输，运大型设备用ED40铲车、LWC-40T支架搬用车、多功能车。

3. 移前、后部刮板输送机（转载机、破碎机等）方式

工作面支架与前部刮板输送机采用拉条与千斤顶连接，与后部刮板输送机采用链条与千斤顶连接。支架与前、后部刮板输送机前移互为支点，推移前部刮板输送机工作滞后机组后滚筒21m外进行，拉后部刮板输送机工作在放完煤后分段拉回。工作面头部割通后，机组反向牵引，距工作面头部21m之外停机，移过前部刮板输送机机头后，通过端头支架推移千斤顶、自移尾推移千斤顶及转载机滑道将转载机（破碎机）前移。

4. 运煤路线

8105工作面→2105运输巷→1070运输巷→主输送带→1002输送带→1001输送带→

地面落煤塔

5. 辅助运输路线

地面—副平硐—1070 辅助大巷—5105 回风巷（或 2105 运输巷）—8105 工作面。

6. 工作面及巷道行人路线

运输巷端部—运输巷行人侧—跨越前部刮板输送机—支架内前后柱之间—5105 回风巷行人侧—风门。

5.1.6 一通三防与安全监测

1. 通风方式

工作面采用 U 型 + I 型的通风方式，采用一进一回一抽的通风方法，即 2105 巷为进风巷，5105 巷为回风巷，8105 顶板高抽巷为抽采瓦斯巷。

8105 工作面实际需风量，应按瓦斯、二氧化碳涌出量和割煤及放煤后涌出的有害气体产生量，以及工作面气温、风速、人数和冲淡无轨胶轮车释放的尾气等规定分别进行计算，然后取其中最大值。

8105 工作面顶板高抽巷贯通前、后实际需风量为 3000 m^3/min。

2. 通风路线

新鲜风流：主平硐、副平硐、盘道进风井→1070 主要运输巷、1070 辅助运输大巷→2105 运输巷→工作面。

与 8105 顶板高抽巷导通前，①污风流：工作面→5105 回风巷→5105 回风绕道→1070 回风大巷→盘道回风联巷→盘道回风立井→主要通风机→地面。②排瓦斯管排出瓦斯：工作面上隅角→瓦斯抽排管路→一盘区瓦斯抽排泵站→瓦斯排放管→回风联巷-1、回风联巷-3→盘道回风立井→地面。

与 8105 顶板高抽巷导通后，污风流：8105 工作面 ↗ 8105 顶板高抽巷→一、二盘区瓦斯抽排泵站→ ↘ 5105 回风巷→5105 回风绕道→

瓦斯排放管 ↘ 盘道回风联巷→盘道回风立井→地面。

1070 回风巷 ↗

3. 通风设施

2105 运输巷：风桥 1 座。

5105 回风巷：风桥 1 座，在 5105 回风巷与 1070 辅助运输巷之间设置风门两道，5105 回风巷与 1070 回风巷之间有 2 道调节、2 趟排瓦斯管。

8105 顶板高抽巷：4 趟瓦斯抽放管路。

在 2105 巷距巷口往里 150 m 处设 1 站，在 5105 巷距调节 50 m 以里设 1 站。在开采初期开采结束每 3 天测 1 次，其他开采期间每 5 天测 1 次。

5.1.7 顶板控制及矿压显现情况

顶煤的初次垮落步距为 12 m，直接顶初次垮落步距为 34~36 m，基本顶初次折断距离为 50 m。周期来压步距工作面正常推进时为 16~18 m；推进不正常、速度缓慢时，周期来压步距缩短，为 10~14 m。由于工作面倾斜长度大，顶煤厚度大，每次来压时工作面压力较大，达到 10000 kN 以上，中部压力显现比较明显。工作面平均来压步距为 16 m。工作面来压步距与工作面的推进速度、地质构造、煤岩层结构、放煤情况、头尾推进度等有一定的关系。

工作面初采期，当工作面推进到平均 11 m 左右时，采空区 50～60 号支架位置开始垮落，初次垮落高度为 2.0 m 左右；随着工作面的推进，顶煤的垮落范围逐渐扩展到 45～67 号支架，垮落高度为 5～6 m；工作面推进到平均 15 m 时，顶煤的垮落范围扩展到 32～82 号支架，垮落高度估计达到 10 m 左右；当工作面平均推到 21.75 m 时，顶煤基本全部垮落。

顶板未出现冲击来压现象，以缓慢的回转运动为主。当工作面具有合理的推进速度（≥4.0 m）时，顶板运动向采空区方向缓慢下沉，循环内活柱下缩量为 20～60 mm，后柱阻力明显高于前柱；当工作面推进不正常或停产时间长时，顶板一般向煤壁方向回转下沉，造成机道顶板台阶下沉，支架阻力急增，安全阀开启，每小时活柱下缩量最大达 320 mm，显现为工作面整体来压，当活柱行程剩余 200 mm 时，支架工作状态最差，极易压坏立柱。

工作面来压时基本上是中部先来压，然后向两边扩展；如果头尾不平行推进，则靠超前一侧的中部先来压，后向两边扩展。21 号支架向头、115 号支架向尾这两个区域来压显现不明显，工作面中部压力较大，有时出现连续的来压现象，与头尾推进不平行有很大关系。

工作面来压范围可分 3 个区域：30 号支架到 70 号支架是来压强烈区，来压强度大，持续时间长，安全阀开启频繁，来压时每小时 4～6 次；30 号支架到 17 号支架、70 号支架到 105 号支架两个区域来压强度相对较小，持续时间相对较短，来压时安全阀开启每小时 2～3 次；17 号支架向头、105 号支架向尾来压不明显，来压时表现为持续增阻，但安全阀开启较少，时间短，来压时短时间开启后，相对增阻时间长。

重新调定大小安全阀开启值为 45.6、44.5 MPa，支架阻力提高至 11000 kN，但来压期间工作面中部支架安全阀开启的数量依然较多，开启值一般为 39～42 MPa，有些支架的开启值为 36 MPa，达到支架额定工作阻力的 85%～94%。

工作面加强了支架管理，提高支架初撑力，对初撑力不够的支架进行二次升架，使工作面支架的初撑力合格率明显提高，有效地改善了支架工作状况。

来压时机道顶板完整度相对较好，有时煤壁片帮也较少，但当工作面工程质量较差、端面距大、前探梁接顶不好或受到断层破碎带影响时，机道易发生漏冒。

推进速度和支架活柱下缩量的关系：日进度大于 4.0 m 时，活柱下缩量为 10～60 mm/h；日进度小于 2.0 m 时，活柱下缩量为 100～300 mm/h。推进速度直接影响工作面的来压强度和步距，当工作面推进速度超过 4.0 m/d 且工作面来压时压力比较平稳，当工作面推进速度小于 3.0～4.0 m/d 工作面来压时压力比较明显，当工作面推进速度小于 3.0 mm/h 且工作面来压时容易出现压架现象。

工作面端头及超前范围应力显现不明显，单体液压支柱阻力变化不大，巷道煤壁没有片帮。

工作面长度相对较长，顶板来压呈现分段来压的特征，造成工作面来压时间较长，一般影响 2 d 左右，最短 20 h。

工作面推进过程中揭露多条小断层及侵入体构造，使煤层节理、裂隙发育，煤层松软，在破碎区发生机道漏顶，垮落高度在 2.0 m 左右，最高见火成岩顶板，造成支架不接顶，给顶板控制造成一定影响。

来压步距在 15 m 及 15 m 以上时，周期来压步距明显加大，而且两次来压之间有明显压力稳定期。开采以来，来压步距最大达到 21.7 m，最小达到 12.6 m，与工作面地质构造和开采方式有关。

支架来压特点是前探梁、前柱先出现压力增阻现象，且前柱压力大于后柱，来压后柱压力逐渐加大直到大于前柱。说明随着开采正常，周期来压步距加大，岩梁断裂明显超前煤壁。

工作面收尾开采时工作面 80 m 不放煤，总计来压 5 次，来压步距平均为 14.7 m，压力显现，比较正常放煤开采时，来压强度明显变小；不放煤时工作面推进速度增大，但是来压步距没有明显的改变。扩机道时工作面机道顶板完整，煤壁没有明显的压力显现，说明随着顶煤的垮落已经完全充满采空区，采场应力已经重新分布形成新的应力稳定体系。

影响来压的因素主要有推进速度、地质构造、头尾进度差距、头尾标高情况、支架的受力状况、工作面的长度。

5.1.8 工作面矿压监测

工作面矿压监测使用山东尤洛卡自动仪表有限公司生产的 ZYDC - I 支架工作阻力在线监控系统。在工作面 121 架支架共计布置 11 条测线，监测数据路线：压力分机→通信分站→通信主站→地面计算机系统。实现对支架前柱、后柱、前梁的阻力变化情况的连续不间断监控，保证工作面的安全。

另外，在测线以外的支架安装双针压力表，对支架的前柱、后柱、前梁的阻力变化情况进行监测，保证支架的工作状况良好。

5.2 综放工作面重型装备快速安全搬撤技术

5.2.1 搬撤方法

塔山煤矿综放工作面装备外形尺寸和质量都比较大，工作面装备总质量 7150 t，采用无轨胶轮车整体运输，单件装备重 36.5 t。目前国内外绝大多数矿井综采工作面搬家普遍采用采煤机自做回撤空间的方法，在工作面终采线附近最后几刀煤的截割时，通过采煤机与刮板输送机整体前移实现正常截割，而液压支架则保持不动，以形成足够的设备调向及回撤空间。然后及时进行顶板支护，传统回撤通道支护工艺下，搬一个设备总质量不足 2000 t 的综采工作面，约需 35 d。传统的搬家倒面费用高、搬家时间长，安全问题突出。国内常采用"二保一"或"三保二"的办法，来解决搬家时间长、产量波动大的缺陷。

在撤架通道的支护方面，一般采用锚网锚索联合支护，近期在神东普遍采用回撤"辅巷多通道"工艺，其主要内容是在综采工作面回采终采线前预先掘出两条平行于回采工作面的辅助巷道，在两条辅助巷道之间，掘出若干条联络巷道，即构成了"辅巷多通道"系统（图 5 - 5）。靠综采工作面终采线一侧的巷道作为回采工作面液压支架和其他设备回撤时的调向通道，称之为主回撤通道或回撤通道。主回撤通道作为回撤工作面设备使用的主要通道，除采取锚杆、菱形金属网联合支护外，还配以单体液压支柱、矿用工字钢梁、垛式液压支架等进行补强支护。另一条巷道作为回撤搬家车辆辅助运输之用，称之为辅回撤通道。主、辅回撤通道断面均为矩形断面，主回撤通道断面尺寸根据支架型号确定。辅回撤通道断面尺寸能够满足无轨胶轮车、支架搬运车行驶和设备搬运即可。

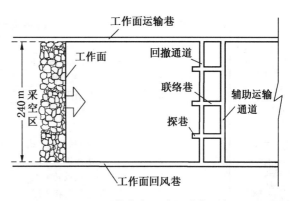

图 5-5 "辅巷多通道"系统示意图

在设备运输方面，主要有轨道式平板运输车和无轨胶轮车两种，随着无轨胶轮支架搬运车的普遍应用，工作面设备搬撤速度得到了大幅度提高。

虽然国内外对工作面快速搬家作了大量的研究，但是对特厚煤层综放工作面重型装备（支架质量达 36.5 t）安全快速搬撤技术的研究尚未见文献报道，因此，对综放工作面重型装备安全快速搬撤技术进行研究，对进一步完善我国综放开采的理论体系，有重大的现实意义。

8102 综放工作面为一进一回两巷布置，两条工作面巷道均垂直于 1070 大巷向北。其中，2102 运输巷、5102 辅助运输巷沿 3—5 号煤层底板布置；2102 运输巷与 1070 主要运输巷相连接，5102 辅助运输巷通过联络巷与 1070 辅助运输巷连接，顶回风巷沿 3—5 号煤层顶板布置，与 1070 回风巷连接，掘进期间由于顶板支护比较困难，仅掘进了 190 m。

图 5-6 8102 综放工作面情况

8102 综放工作面情况如图 5-6 所示。

8102 综放工作面装备主要包括带式输送机、转载机及破碎机、前部刮板输送机、采煤机、后部刮板输送机、液压支架、泵站列车、带式输送机自移机尾等。8102 工作面装备布置图如图 5-7 所示。

设备列车长度为 111 m，托电缆架长度为 27 m，拖缆距工作面距离为 37 m，共计长度 175 m（图 5-8）。支架铲运车和支架搬运车的技术参数分别见表 5-3 和表 5-4。

2102 绕道口距 1070 回风巷长度为 50 m，从 1070 回风巷算起需要 225 m 的距离。

5.2.2 综放工作面装备搬撤空间形成与支护

1. 装备搬撤通道宽度

支架撤出时以相邻支架的座箱前端头靠采空区一侧为支点进行旋转，旋转半径即影响范围：支架全长为 8.62 m，停采距离确定为约 17 m，即采空区影响范围 5 m＋支架空间 9 m＋机道 3 m。

2. 装备搬撤空间的形成

停采时将工作面前刮板输送机与液压支架分解，使用单体液压支柱作为推移刮板输送

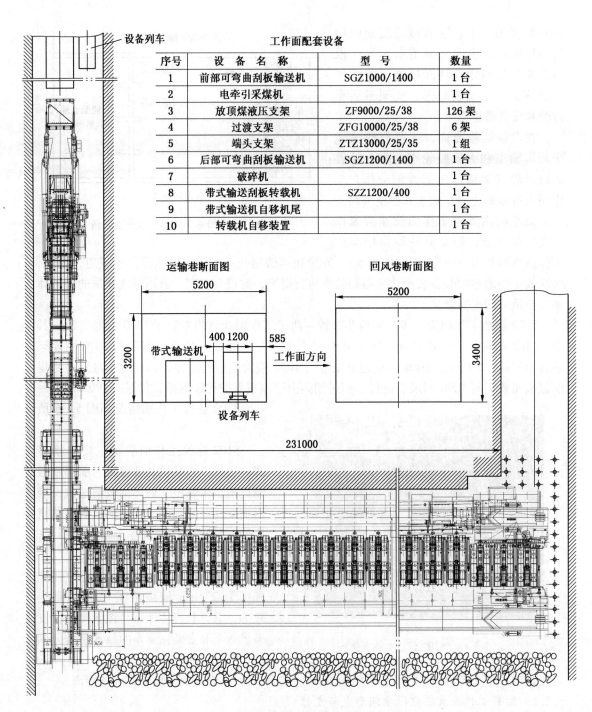

工作面配套设备

序号	设 备 名 称	型 号	数量
1	前部可弯曲刮板输送机	SGZ1000/1400	1 台
2	电牵引采煤机		1 台
3	放顶煤液压支架	ZF9000/25/38	126 架
4	过渡支架	ZFG10000/25/38	6 架
5	端头支架	ZTZ13000/25/35	1 组
6	后部可弯曲刮板输送机	SGZ1200/1400	1 台
7	破碎机		1 台
8	带式输送刮板转载机	SZZ1200/400	1 台
9	带式输送机自移机尾		1 台
10	转载机自移装置		1 台

图 5-7 8102 综放工作面装备布置图

机的动力，工作面向前推进留出设备搬撤的通道。

支护方式采用锚杆、锚索、组合锚索、双层菱形金属网、W 型钢带、钢丝绳、工字钢、单体液压支柱对支架顶梁上方及机道和工作面煤壁之间的顶煤进行组合支护，保证设备的拆除通道的安全。

图 5-8 8102 综放工作面设备列车

表 5-3 防爆柴油支架铲运车技术参数

规 格 型 号	ED40SH
制造厂商	奥钢联采矿隧道设备有限责任公司
产地	澳大利亚
载重能力/kg	40000
动力系统	170 kW 卡特彼勒 3126 型、涡轮增压、水冷防爆柴油发动机，湿式排气系统
转弯半径/m	内径：3.47，外径：6.97
外形尺寸（长×宽×高)/(m×m×m)	10.033×3.2×2
驱动方式	四轮驱动
启动方式	气动
自重/kg	47000

表 5-4 防爆柴油支架搬运车技术参数

规格型号	LWC-40T	规格型号	LWC-40T
制造厂商	澳大利亚约翰芬雷工程有限公司	转弯半径/m	内径：3.47，外径：6.97
产地	澳大利亚	外形尺寸（长×宽×高)/(m×m×m)	9.421×3.45×1.67
搬运能力/kg	40000	驱动方式	四轮驱动
动力系统	170 kW 凯特彼勒 3126 型、涡轮增压、水冷防爆柴油发动机，湿式排气系统	启动方式	气动
		自重/kg	22500

扩机道撤退空间支护方式和机道撤退空间预开切眼如图 5-9 和图 5-10 所示。

3. 停采支护技术

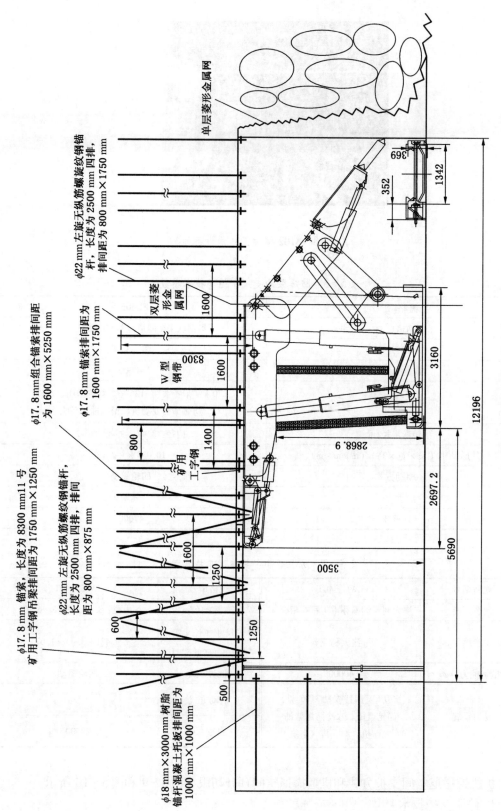

图 5-9 护机道撤退空间支护方式

单层菱形金属网

φ22 mm 左旋无纵筋螺纹钢锚杆，长度为 2500 mm 四排，排间距为 800 mm×1750 mm

双层菱形金属网

φ17. 8 mm 锚索排间距为 1600 mm×1750 mm

φ17. 8 mm 组合锚索排间距为 1600 mm×5250 mm

φ17. 8 mm 锚索，长度为 8300 mm11 号矿用工字钢吊梁排间距为 1750 mm×1250 mm

W 型钢带

矿用工字钢

φ22 mm 左旋无纵筋螺纹钢锚杆，长度为 2500 mm 四排，排间距为 800 mm×875 mm

φ18 mm×3000 mm 树脂锚杆混凝土托板排间距为 1000 mm×1000 mm

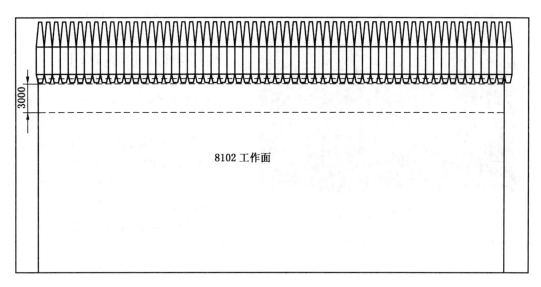

图 5 - 10   机道撤退空间预开切眼

（1）停采开始 0 ~ 5 m 位置，在支架的顶梁上方开始铺设单层菱形金属网。每割一刀进行一次铺网联网。

（2）停采开始 5 ~ 14.5 m 位置，在支架的顶梁上方进行铺设双层菱形金属网，每割一刀煤在支架前梁端头进行一次铺网联网并在顶煤上打一排锚杆支护，采高保持在3.5 m；排间距800 mm×1750 mm，并加 W 型钢带和铺设双层菱形金属网，钢带长度为3.8 m；每两刀煤进行一排 8.3 m 长的锚索加钢托板支护，托板 300 mm×300 mm×16 mm，排间距 1600 mm×1750 mm，支护两排后，第三、四、五排采用锚索吊挂工字钢梁进行支护，工字钢长度为 3.3 m，每架工字钢打 3 架锚索进行支护；锚杆与锚索交错布置，锚杆采用 ϕ22 mm×2500 mm，锚索采用 ϕ17.8 mm×8300 mm 的钢绞线，W 型钢带3800 mm×150 mm×3 mm。在停采过程中根据工作面顶煤的破碎情况从煤壁侧预注马利散进行加固顶煤，保证工作面的正常推进。

割煤→联网→打支护（锚杆、锚索）→拉架→拉后部刮板输送机→推前部刮板输送机→注浆加固工作面顶煤。

（3）停采开始 14.5 ~ 17.5 m 位置只推刮板输送机不拉支架，割煤 4 刀，开始只推刮板输送机不移架，采高控制在 3.5 m，采用双层金属网 + W 型钢带 + 锚杆 + 锚索吊挂工字钢棚 + 组合锚索支护机道顶板 + 11 号矿用工字钢联合支护，锚杆的排间距为 800 mm×875 mm。割煤 3 刀，最后 1 刀不推刮板输送机，使支架前梁端头距煤壁距离不小于3.0 m，留出一条撤设备通道，从支架底座到煤壁 5700 mm。然后在机道上方及前探梁打3 排组合锚索，排间距为 1.6 m×5.25 m 交错布置（图 5 - 11）。

停采后将工作面的浮煤清理干净，在工作面煤壁打 3 排护帮锚杆，铺设单层金属网，锚杆排间距为 1000 mm×1000 mm，排距顶板 400、1400、2400 mm。然后在工作面机道与煤壁之间打锚索工字钢棚，工字钢长度为 3500 mm，垂直工作面煤壁布置，每架工字钢打3 架锚索，锚索使用 8300 mm 的钢绞线，工字钢的间距为 1.75 m，并且在距煤壁 0.3 m 的位置支设一排单体液压支柱（支在工字钢梁的下方）；停采后在每架支架的顶梁与座箱间

图 5-11 双层菱形金属网铺设情况

支设 4 根直径不小于 180 mm 的木柱。同时在支架的头尾端头位置用木料各打一木垛以维护上下端头的顶板。

4. 装备搬撤期间顶板支护

撤液压支架前，将端头所有单体液压支柱全部用木柱替支，然后开始进行撤架工作。利用掩护支架支护被撤支架后部顶板，每撤 1 架在其空间支设 5 组带帽木柱，每组 2 棵木柱，组与组间距为 1 m，如回撤过程中顶板破碎、压力大时，可打木垛或增加木柱数量，每撤退 5 架打一木垛，以维护上下端头的顶板（图 5-12）。

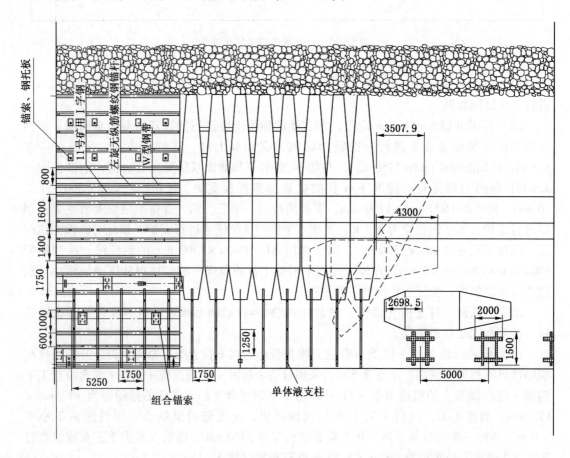

图 5-12 搬撤支架时支护方式

5.2.3 综放工作面重型装备整体安全搬撤

1. 重型装备安全搬撤设计

工作面装备撤退路线的模型采用一个四阶段并联多服务台有限顾客循环排队模型，4

个服务阶段分别为空车运行、装车、重车运行及卸载。

1）经5102巷搬撤的装备

运输路线：8102工作面→5102巷→5102巷绕道→1070辅助运输巷→副平硐→塔山料场。

需要搬撤的装备及数量：采煤机1台、工作面前部刮板输送机1部、工作面后部刮板输送机1部、转载机1部、破碎机1部、带式输送机自移机尾1台、移动变电站AW2000型2台、移动变电站Beckor2500型2台、带式输送机机头1台，端头液压支架1组、过渡液压支架7架、普通液压支架127架。

2）经2102巷搬撤的装备

运输路线：8102工作面→2102巷→1070回风巷→九连巷→1070辅助运输巷→塔山料场。

运输设备：开关列车（不包括移动变电站）1组，可伸缩带式输送机输送带、拉条、H架、U形卡，机头开关及移变、上拖辊、下托辊。

2102巷搬撤顺序：可伸缩带式输送机中间部分、输送带、U形卡、拉条、H架、机头开关及移变、上下托辊，泵站列车（除4台移变车）。

5102巷搬撤顺序：采煤机、前部刮板输送机、转载机、破碎机、带式输送机自移机尾、4台移变车、机头、1号端头支架、后部刮板输送机头、135、134号过渡支架、后部刮板输送机机尾、后部刮板输送机中间部分、2～133号支架。

2. 装备搬运专用设备

工作面装备搬运采用专用搬撤设备，其主要技术参数见表5-3至表5-5。防爆柴油支架搬运车如图5-13所示。

3. 搬撤工艺

由于8102综放工作面装备比较多，其拆卸及搬撤工艺各不相同，现分类进行简单阐述。

1）可伸缩带式输送机

首先，把输送带一接头开至输送带头夹带装置附近，用夹带装置夹住输送带，把接头处的穿条抽出，然后用卷输送带装置夹住输送带，边松输送带张紧

图5-13 防爆柴油支架搬运车

绞车边用卷带装置卷输送带，每卷完一卷，把输送带退出后，再用夹带装置夹住输送带继续退输送带，直到把整个输送带退完为止，切断带式输送机开关电源并闭锁，拆开负荷侧电缆，拆除各部管路及监测线路并且做好标记，解体卸载滚筒。用绞车和防爆叉车拉出至装车点装车，再由输送带尾向头撤退中间架、边梁、防倒卡子及上下托辊，整齐装入防爆车运到地面，带式输送机自移机尾拆分三节，用ED40铲车从5102巷运出。

2）转载机、破碎机

先将转载机刮板部分拆除，把连接链的连接环拆开，开动转载机并且用绞车配合，将

表 5-5 多功能运输车技术参数

规格型号	MK Ⅲ-2000	规格型号	MK Ⅲ-2000
制造厂商	澳大利亚约翰芬雷工程有限公司	外形尺寸（长×宽×高）/（mm×mm×mm）	7341×2468×1687
产地	澳大利亚	驱动方式	Clark 扭矩转换器及动力传动
搬运能力/t	10	启动方式	压缩空气 140litre volume atm
车厢载人数/人	21	自重/t	9.660
动力系统	Isuzu 6BG1 NA 柴油发动机提供动力		

链吐在输送带上，依次对每节链做好标记，通过输送带运到机头运出。之后切断转载机开关电源并闭锁，依次拆开负荷侧电缆，拆除转载机上部的电缆，拆开转载机电缆夹、挡煤板、盖板，解体破碎机后部槽及转载机尾，解体破碎机电机和转载机电机减速机，解体转载机过桥部中部槽，最后解体转载机头及机头架，然后用绞车配合防爆叉车将设备全部运到装车点装车。

图 5-14　两辆支架铲运车搬运采煤机

3）采煤机

先将采煤机开至刮板输送机机尾，将前后滚筒摇臂与机身的连接销拆开，把前后滚筒与摇臂整体窜出装车，之后切断采煤机电源，将采煤机连同采煤机底部槽一起，装上两辆支架铲运车运出地面（图 5-14）。

4）工作面前、后部刮板输送机

刮板输送机拆除前，要先将中部槽内的浮煤、杂物等全部清除，拆除刮板，再将中部槽上面的连接环拆开，一边用马达松链，一边用绞车配合向外吐链，当吐完一节链时，用紧链闸将链固定，防止倒退，然后继续重复吐链的工序直到把链全部吐完。将工作面刮板输送机链全部退出，之后切断输送机开关电源并闭锁，拆开负荷侧电缆，然后解体电机减速机耦合体、头、尾，拆开各中部槽之间对口连接件，拆开两中部槽之间的齿条销及齿条、电缆槽夹板、导向销子和电缆槽，用回柱绞车依次运出工作面到装车点装车运出。

5）设备列车

将移动变电站、液压泵站、开关和集中控制设备的连接装置拆开，拆除各部电缆及控制线路并且做好标记，将列车上的托电缆装置进行编码拆解出井，移动变电站用支架搬运车整体经工作面从 5102 巷运出。泵站、其他设备列车用防爆车从 2102 巷运出。

6）液压支架

撤退顺序：先撤端头支架，然后由头向尾依次撤退135架支架。

（1）撤端头支架。先将后部刮板输送机机头向后退1 m，在拆除前将端头支架各部进行编号。撤端头支架时，将端头支架左侧顶梁支设木柱支护，然后将端头支架左侧立柱降下，并且拆除左侧立柱，用吊链与防爆叉车配合将左侧顶梁两部分装车运出，之后将左侧底座3部分装车运出，右侧顶梁、立柱、底座与左侧拆除工艺相同，在拆除当中应加强支护。

（2）撤过渡支架。撤过渡支架前，将端头所有单体液压支柱全部用木柱替支，然后开始进行撤架工作，具体方法：在降被撤支架前，在其邻架前探梁上用 $\phi22$ mm $\times86$ mm 链条挂1个20 t 滑轮，回柱绞车钢丝绳通过滑轮拴在被撤支架四连杆上，用 $\phi22$ mm $\times86$ mm 链条及3条 M27 mm 高强度螺栓连接，给液降架后开动绞车使支架前移，当被撤支架底座超出相邻支架底座时，将钢丝绳钩头改拴在支架前桥上，开车调向窜出工作面，用支架搬运车装车运出，每撤1架在其空间支设5组带帽木柱，每组2棵木柱，组与组间距为1 m。

（3）撤中间普通支架。

降被撤支架：降架采用远方邻架操作，首先收回护帮板，降前探梁，然后降主顶梁。

回柱绞车拉出调向：在降被撤支架前，在掩护架前桥上用 $\phi22$ mm $\times86$ mm 链条挂1个20 t 滑轮，回柱绞车钢丝绳通过滑轮拴在被撤支架四连杠上（用 $\phi22$ mm $\times86$ mm 链条及3条 M27 mm 高强度螺栓）开动绞车使支架前移，当被撤支架底座超出相邻支架底座时，将钢丝绳拴在支架前桥上，开车调向摆正。在撤退通道时，支架搬运车倒着开到撤架通道对正倒车至支架处，使支架的提升点和提升钩对正，将提升连杆装到拖车的撬升单元的提升臂上，支架通过拖车侧面铰接处的手柄控制液压缸达到最大限度伸出，使其离开地面。

在车起步前确保支架防晃动装置固定在支架上，拖车后部的固定链也能防止支架前后摆动。卸下支架时，先将支架搬运车停在指定放置的地点，解开后面链子收回防晃动装置，用拖车铰接处侧面的手柄使支架放于地面，从提升臂上取下提升链和钩子后放置在支架上，将支架搬运车向前开一段距离使支架留在原地，这样就完成了支架的装卸工作。如图5-15所示为支架铲运车搬运支架。

图5-15　支架铲运车搬运液压支架

支护顶板：每撤1架支架在其空间支设3组木柱，每组2棵木柱，组与组间距为1 m，每撤退5架打1木垛，回撤过程中如顶板破碎，压力大时，应打木垛或相应的增加木柱数量。

回柱放顶：初次放顶在摆放好掩护支架之后进行，正常回柱放顶为每撤1架支架进行1次回柱放顶工作，保留2排木柱维护顶板。

5.2.4　综放工作面快速安全搬家技术总结

通过综合实施以搬撤通道形成与支护技术、搬撤工序控制技术、安全保障技术等为主的特厚煤层综放重型装备安全快速搬撤技术体系，实现了综放工作面重型装备的整体安全搬撤，为矿井的安全生产提供了技术保障，具体表现在以下几个方面：

1. 装备搬撤空间形成与支护

8102 综放工作面装备搬撤通道为全煤断面，顶煤厚度达 12.7 m，煤层上部距顶板 3～4 m 为变质煤和硅化煤，结构疏松，其上有 1～2 m 厚且不规则分布的煌斑岩，装备搬撤空间宽度要求达到 12.2 m，工作面装备搬撤期间其搬撤空间顶板的支护难度非常大。通过运用锚杆、组合锚索、W 型钢带和钢丝绳等集成创新的支护技术，在工作面装备搬撤期间，未发生顶板事故，保证了复杂地质条件下重型装备搬运作业的大断面空间安全。

2. 安全保障技术

由于塔山煤矿采用的是前进式开采，8102 综放工作面煤层平均厚度达 19.4 m 且位于矿井的咽喉地带，矿井服务年限为 140 年，石炭二叠系煤层顶板运动破坏规律与侏罗系有很大区别。地面钻孔电视观测显示，当工作面推过钻孔 127 m 后在顶板上方 209 m 和 210 m 之间仍存在约 0.7 m 的空洞，所以，在工作面装备搬撤期间的瓦斯防治、自然发火防治及装备搬撤后采空区封闭方面，都有非常大的技术难度。通过工作面装备搬撤期间防火、瓦斯防治和装备搬撤后永久性安全措施的综合实施，工作面上隅角瓦斯浓度基本维持在 0.5% 以下，并且比较稳定，采空区一氧化碳浓度平均值从 235×10^{-6} 降到了 76×10^{-6} 左右，氧气浓度基本维持在 5% 左右，为工作面重型装备的安全搬撤乃至矿井日后的安全开采提供了安全技术保障。

3. 重型装备搬撤工序控制

根据以往经验，搬撤一个设备总质量不足 2000 t 的综采工作面，约需 35 d，搬撤一个设备总质量 4000 t 左右的综放工作面，约需 45 d。塔山煤矿综放工作面装备总质量达 7100 t，采煤机自重达 129 t，支架自重 36.5 t。

通过搬撤通道形成与支护技术、搬撤工序控制技术、安全保障技术在工作面重型装备搬撤中的综合运用，采用网络计划控制技术对装备搬撤工序和搬撤顺序进行科学设计，仅用 36 d（其中包括 7 d 工作面撤架通道地面硬化时间）即完成了搬撤工作，比计划（50 d）提前了 14 d，实现了超厚煤层综放工作面总质量 7100 t 的重型装备整体长距离安全搬撤，形成了一套适合特厚煤层综放重型装备安全搬撤的技术体系。

通过运用综放重型装备安全搬撤技术，保证了复杂地质条件下重型装备搬运作业 12.2 m 宽大断面空间的安全，消除了工作面装备搬运期间瓦斯及自然发火隐患，充分发挥了劳动力和设备资源的最大效力，大幅节省了装备搬撤的时间。为塔山煤矿、同忻煤矿安全生产，同煤集团石炭二叠系煤层的大规模开发提供了技术支撑。

6 塔山煤矿围岩稳定性控制技术

6.1 塔山煤矿煤层巷道围岩分类与支护原则

6.1.1 煤层巷道围岩工程分类

在巷道支护设计中，巷道围岩的工程分类是一项非常重要的工作，它是工程类比法能否正确运用的基础。围岩工程分类与理论分析研究方法、现场实测方法一起运用，可以全面阐述与工程设计目标和工程地质条件相符合的总体设计方案，并提供强有力的设计手段。

塔山煤矿一盘区煤层按照节理发育情况大致可分为 5 个亚层，自下而上依次为平均厚度为 4 m 的垂直节理发育亚层、平均厚度为 6 m 的倾斜节理发育亚层、平均厚度为 5 m 的水平层理发育亚层和平均厚度为 2 m 的破裂亚层，以及厚度不到 1 m 的破碎亚层（图 6 - 1）。

柱状	厚度/m	分层性状描述
	1	破碎煤体
	2	破裂煤体
	5	水平层理发育煤体
	6	倾斜层理发育煤体
	4	垂直层理发育煤体

图 6-1 煤层结构示意图

3—5 号煤层的顶底板岩石组成一般为砂岩、砂砾岩、粉砂岩、砂质泥岩、泥岩、高岭质泥岩、煌斑岩等。首采区煤层顶板为复合结构，由岩性不同的薄层岩石互层组成，在火成岩侵入区，直接顶主要为煌斑岩、高岭质泥岩等；在非火成岩侵入区，直接顶主要为高岭质泥岩、炭质泥岩、泥岩、砂质泥岩等，直接顶厚度一般为 2 ~ 8 m。3—5 号煤层的基本顶岩石为粗粒石英砂岩、砂砾岩，厚度平均在 20 m 左右。

目前，塔山煤矿的巷道或沿煤层顶板掘进，或沿煤层底板掘进，或在煤层中掘进，因此，巷道围岩有 3 种类型：一是巷道顶板是岩石，两帮和底板为煤体；二是巷道顶板、两帮和底板均为煤体；三是巷道顶板、两帮为煤体，底板是岩石。从巷道支护设计的实际需要出发，对巷道进行分类时，可以把后两种情况合并，即塔山煤矿煤层巷道围岩可以分为如图6-2所示的两类：第一类巷道顶板为岩石，两帮和底板为煤体；第二类巷道顶板、两帮和底板均为煤体。

塔山煤矿煤层巷道围岩分类指标的测定值及围岩分类结果见表6-1和表6-2。

表6-1 塔山煤矿煤层巷道沿顶板掘进时围岩分类指标

参 数			数 值 范 围	
			顶板：岩石	两帮、底板：煤体
1	未扰动岩石强度	点载荷强度指标/MPa		
		单轴抗压强度/MPa	45.33 ~ 86.67	0 ~ 37
		权值	4 ~ 7	0 ~ 4
2		钻孔岩芯质量 RQD/%	24.2	0 ~ 0.1
		权值	3	3
3		不连续面间距/mm	60 ~ 200	30 ~ 60
		权值	8	5
4		不连续面条件	粗糙、不连续、不分离，岩壁未风化	节理严重发育，且存在剪切破碎带
		权值	30	0
5	地下水	每10 m巷道涌水量/(L·min^{-1})	<10	0
		$\dfrac{\text{节理水压}}{\text{最大主应力}}$		0
		一般条件	潮	干燥
		权值	10	15
6		不连续面方向对工程的影响	一般	一般
		修正值	-5	-5
总评价		RMR 值	55 ~ 58	18 ~ 22
		岩石等级	一般	差或极差

表6-2　塔山煤矿煤层巷道沿底板掘进时围岩分类指标

参　数			数　值　范　围	
			顶板、两帮：煤体	底板：岩体
1	未扰动岩石强度	点载荷强度指标/MPa		
		单轴抗压强度/MPa	27～37	46.4～48.9
		权值	4	4
2		钻孔岩芯质量 RQD/%	0.2	18
		权值	3	3
3		不连续面间距/mm	＜60	60～110
		权值	5	8
4		不连续面条件	节理严重发育，且存在剪切破碎带	粗糙、不连续、不分离，岩壁未风化
		权值	0	30
5	地下水	每10 m巷道涌水量/(L·min⁻¹)	0	0
		$\dfrac{节理水压}{最大主应力}$	0	0
		一般条件	干燥	干燥
		权值	15	15
6		不连续面方向对工程的影响	一般	一般
		修正值	-5	-5
总评价		RMR值	22	55
		岩石等级	差	一般

6.1.2　煤层巷道支护原则

1. 塔山煤矿煤层巷道围岩特征分析

采用 WQCZ-56 型围岩强度测定装置进行了3—5号煤层抗压强度的测试，从现场实测结果看，由于节理裂隙的分布及发育程度不均匀，导致不同深度位置的煤体抗压强度有所不同，单轴抗压强度范围在 0～26.75 MPa 之间，煤层单轴抗压强度平均值为 10.12～16.58 MPa，一般巷道周边 1～1.2 m 深度范围以内的煤体单轴抗压强度明显降低（图6-3至图6-5），利用钻孔窥视仪观察围岩裂隙的结果表明，围岩中距离周边 0.5～1.8 m 范围内裂隙相对发育，反映了巷道开挖对围岩完整性及承载能力造成的影响；采用点载荷实验设备测试得到的3—5号煤层煤炭块体的单轴抗压强度一般为 27～37 MPa，明显高于煤体，约为煤体单轴抗压强度的 1.6～3.7 倍。就塔山煤矿所采煤层的地质、力学特征而言，煤层整体上节理、层理发育，煤块的单轴抗压强度较高。节理、层理的发育破坏了煤层的完整性，使得煤层作为巷道围岩时的承载能力下降。块体的单轴抗压强度高，使得煤体作为巷道围岩时一旦加固形成合理的承载结构，其承载能力会很强。因此，采用正确的围岩加固措施，以便在煤层巷道围岩中形成适当的承载结构，是解决塔山煤矿以煤体作为巷道围岩时煤层巷道稳定性维护的关键。

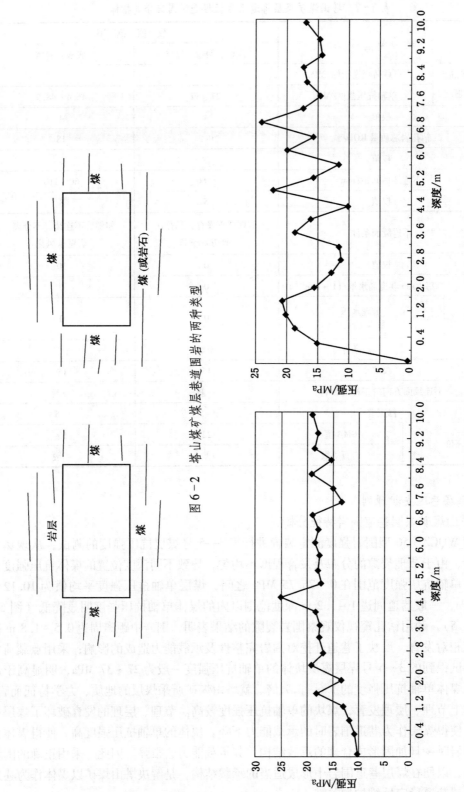

图 6 - 2 塔山煤矿煤层巷道围岩的两种类型

图 6 - 3 塔山煤矿 1070 辅助运输大巷围岩单轴抗压强度—深度关系曲线

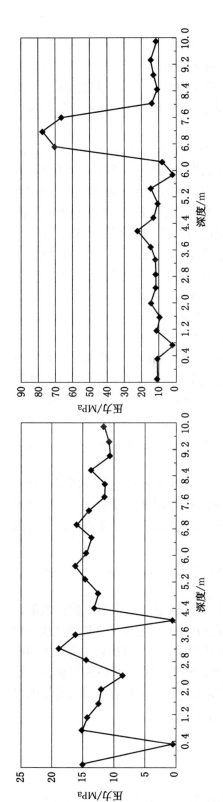

图 6-4 塔山煤矿 5102 巷围岩单轴抗压强度—深度关系曲线

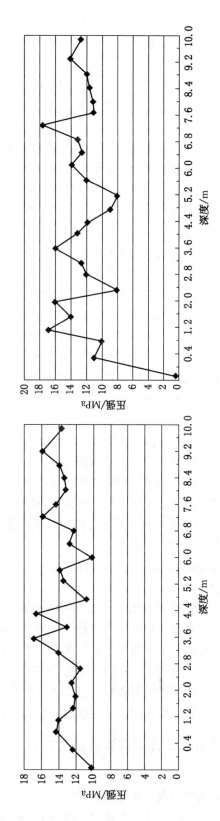

图 6-5 塔山煤矿 2102 巷围岩单轴抗压强度—深度关系曲线

2. 塔山煤矿煤层巷道支护原则

塔山煤矿煤层巷道稳定性维护的重点应放在充分利用和发挥围岩的自承能力上。支护遵循的总原则应当是根据支护—围岩共同作用原理，针对围岩的地质、力学特点和地压来源特点，从分析巷道矿压活动基本规律入手，运用信息化动态设计方法，使支护体系与施工工艺过程适应巷道围岩的变形状态，以达到控制巷道围岩变形、维护巷道稳定性的目的。

（1）塔山煤矿原岩应力实测的结果表明，矿区范围内原岩水平主应力的大小和方向在空间分布上有变化，最大水平主应力在 12～12.4 MPa 之间，最小水平主应力在 6.4～8.22 MPa 之间，垂直主应力为 11.44 MPa；最大水平主应力的方向为北偏东 19°～26.7°。塔山井田原岩应力场的不均匀性总体上对巷道开挖方向的确定是不利的。塔山煤矿主、副平硐及 1070 大巷的走向约为北偏西 60°，与最大水平主应力作用方向夹角为 79°～86.7°，巷道走向与最大水平主应力作用方向接近垂直，对巷道围岩的稳定性不利；一盘区回采工作面巷道的走向约为北偏东 11°，与最大水平主应力作用方向的夹角为 8°～11.4°，巷道走向与最大水平主应力作用方向近似平行，对巷道围岩的稳定性维护有利；首采工作面开切眼走向约为北偏西 79°，与最大水平主应力作用方向夹角约为 100°，开切眼走向与最大水平主应力作用方向近似垂直，对开切眼围岩的稳定性不利。

（2）必要时进行全断面支护。这是针对底鼓严重时需要采取的技术措施。在高应力区，巷道的底鼓会降低围岩承载结构的支撑能力，容易导致支护系统的失效。当煤层巷道围岩变形压力大、底鼓严重时，不仅要对巷道顶板和两帮进行支护，还必须对底板采取必要的加固。实测得到的塔山井田原岩应力并不高，但由于矿区原岩应力场不均匀，不能排除在局部区域会有高应力存在的可能性，因此，需要根据巷道矿压监测结果，在围岩变形大、底鼓严重的区段实施全断面支护。

（3）煤层大巷要选择可缩性支护。由于服务年限长，大巷变形产生的变形压力是主要的控制对象，普通刚性支护不具有可缩让压性，不利于发挥围岩的承载能力，而锚喷网支护和 U 型钢可缩性支架对道道变形具有很好的适应性，可以减少支护受力，让围岩的承载能力发挥到最大限度。

塔山煤矿的盘区大巷布置在煤层中，尤其是当盘区大巷穿越复杂地层时，必须选择可缩性支护。

（4）煤层大巷要实施二次支护。理论和实践已经证明，软岩巷道采用一次性强阻力支护效果不理想，原因在于这种支护方式不适应巷道开挖初期变形量大、变形速度快的特点。为适应围岩上述变形特征，采取二次支护的效果非常明显。一次支护目的在于加固围岩，提高其残余强度，在不产生过度剪张变形的情况下，利用可缩性支护的控制让压特性，对围岩变形进行有效控制。二次支护在围岩变形稳定后进行，目的在于保证巷道围岩有必需的支护强度和刚度及足够的安全储备，维持巷道的长期稳定。

6.2 塔山煤矿特厚煤层巷道支护技术

6.2.1 开拓巷道支护技术

开拓巷道是服务于整个矿井生产的大巷，主要包括辅助运输大巷、主要运输大巷、总回风大巷（图 6-6），大巷中尤以 1070 辅助运输大巷断面最大，且部分区段穿越小煤窑开采影响区,煤岩破碎,支护难度最大。1070 辅助运输大巷破碎段主要支护参数见表 6-3。1070 辅助运输大巷破碎段支护断面布置如图 6-7 所示。

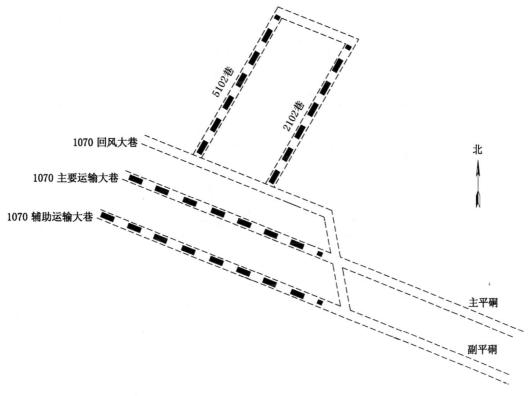

图 6-6 1070 辅助运输大巷支护区域

表 6-3 1070 辅助运输大巷破碎段主要支护参数

顶 板 支 护 参 数			
参 数 名 称	参 数 值	参 数 名 称	参 数 值
锚杆材质	20MnSi	锚杆预紧力/kN	69(锚杆垂直)
锚杆直径/mm	22		73.4(锚杆不垂直)
锚杆间排距/(m×m)	0.9×0.9	锚索直径/mm	15.24
锚杆数量/根	8	锚索长度/m	10.70
锚杆长度/m	2.75	锚索锚固剂	树脂药卷
锚杆锚固剂	树脂药卷	锚索锚固剂型号,用量	K2535,1 卷
锚杆锚固剂型号,用量	K2630,8 卷		Z2540,1 卷
锚索预紧力/kN	69		
两 帮 支 护 参 数			
参 数 名 称	参 数 值	参 数 名 称	参 数 值
锚杆材质	20MnSi	锚杆预紧力/kN	69(锚杆水平)
锚杆直径/mm	22		73.4(锚杆非水平)

表 6-3（续）

两 帮 支 护 参 数			
参 数 名 称	参 数 值	参 数 名 称	参 数 值
锚杆间排距/(m×m)	0.9×0.9	锚杆锚固剂	树脂药卷
锚杆数量	每帮 4 根/排	锚杆锚固剂型号	K2630
锚杆长度/m	2.0	锚固剂数量	4 卷/排
支护方案	锚杆＋金属网＋锚索补强＋喷射混凝土（150 mm）联合支护		

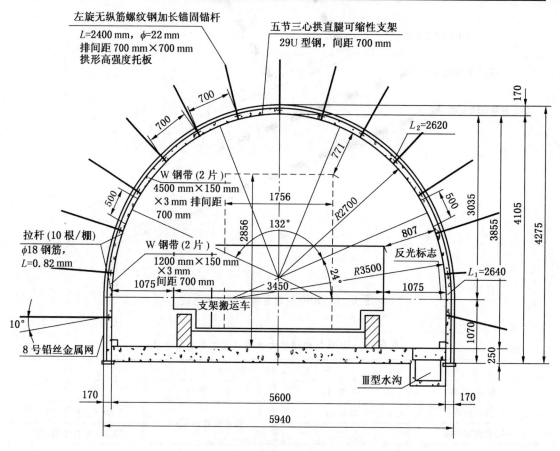

图 6-7　1070 辅助运输大巷破碎段支护断面布置

1070 辅助运输巷净断面面积为 19 m²，设计掘进断面面积 21.5 m²，设计掘进宽度 5800 mm，高度 4350 mm，喷射厚度 100 mm，支护锚杆类型为树脂锚杆，锚杆外露长度 100 mm，排列方式为三花排列，排间距为 700 mm×700 mm，锚深为 2300 mm，锚杆直径为 22 mm，净断面周长为 16.8 m。

在受小煤窑开采影响较剧烈的区段（总长度约 60 m），巷道围岩破碎，从永久安全的角度考虑，摒弃了锚杆加固方式而改用 U 型钢、喷射混凝土联合支护，支架为 29U 型钢五节式，架设间距为 0.5 m。

为了监控巷道的稳定性，在塔山煤矿 1070 辅助运输巷、1070 主要运输巷布置了顶板离层监测系统。在上述巷道中，每隔50 m 布置一个测站，各测站顶板位移数据通过信号自动采集系统采集并传输到中央监控室，顶板离层报警值根据经验设置为70 mm，当某测站顶板中两个不同深度处的下沉位移差值达到上述指标时，便意味着该处顶板发生离层现象，处于危险状态。

图6-8和图6-9所示为上述各巷道不同测站的顶板位移测点的最大位移分布情况。

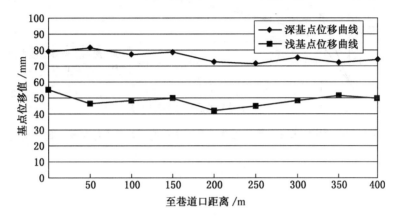

图6-8　1070辅助运输巷顶板位移曲线

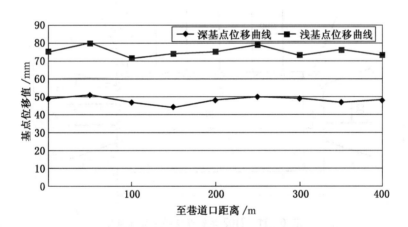

图6-9　1070主要运输巷顶板位移曲线

图6-10所示为1070主要运输巷距巷道口150 m处测站安装后基点的位移—时间变化情况，大致7个月之后顶板位移趋于稳定。该巷道及1070辅助运输巷其他各测站情况与此相类似。从顶板离层仪基点的位移情况看，深浅两个基点位移差大部分在25~40 mm之间，远小于预警值，说明巷道顶板是稳定的。

6.2.2　回采巷道支护技术

塔山煤矿回采巷道中的运输巷断面大于回风巷，以8102工作面的2102运输巷和5102回风巷两种类型巷道的围岩为例。鉴于锚杆支护的适用性及优越性，塔山煤矿煤层巷道的围岩稳定性控制研究主要围绕锚杆合理支护参数的设计展开。2102运输巷支护断面如图6-11所示。2102运输巷支护参数见表6-4。

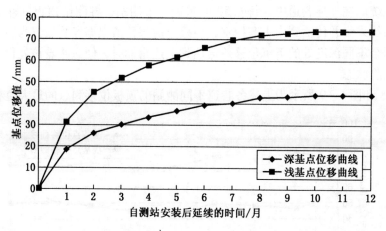

图6-10 1070主要运输巷距巷道口150m处测站基点的位移—时间曲线

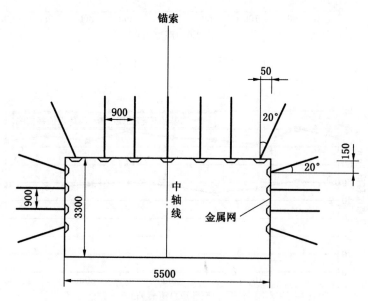

图6-11 2102运输巷支护断面示意图

表6-4 2102运输巷支护参数

顶 板 支 护 参 数			
参 数 名 称	参 数 值	参 数 名 称	参 数 值
锚杆材质	Q_{235}	锚索直径/mm	15.24
锚杆直径/mm	22	锚索长度/m	10.70
锚杆间排距/(m×m)	0.9×0.9	锚索间距/m	1.8
锚杆数量/根	7	锚索数量/根	1
锚杆长度/m	2.7	锚索锚固剂	树脂药卷
锚杆锚固剂	树脂药卷	锚索预紧力/kN	53

表6-4（续）

顶 板 支 护 参 数			
参 数 名 称	参 数 值	参 数 名 称	参 数 值
锚杆锚固剂型号，用量	K2636，7 卷	锚索锚固剂型号，用量	K2535，1 卷
锚杆预紧力/kN	53（锚杆垂直）		Z2540，1 卷
	56（锚杆不垂直）		

两 帮 支 护 参 数			
参 数 名 称	参 数 值	参 数 名 称	参 数 值
锚杆材质	Q_{235}		43（锚杆水平）
锚杆直径/mm	22	锚杆预紧力/kN	56（锚杆靠顶角）
锚杆间排距/(m × m)	0.9 ×0.9		49（锚杆靠底角）
锚杆长度/m	2.10	锚杆锚固剂	树脂药卷
锚杆锚固剂型号，数量	K2636，4 卷/排		
支护方案	锚杆＋金属网＋锚索补强联合支护		

首采工作面巷道加固施工时，考虑到工作面推进前后巷道外侧都是实体煤，且单一工作面推进情况下动压影响程度相对较弱，除局部围岩破碎处安装钢筋梯外，其余情况都采用锚杆＋金属网＋锚索补强支护形式。

为了监控巷道的稳定性，在2102、5102巷布置安装了顶板离层监测系统。图6-12、图6-13所示为上述各巷道不同测站的顶板位移测点的最大位移分布情况。

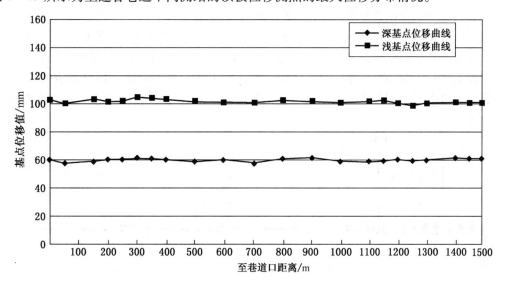

图6-12　2102运输巷顶板位移曲线

6.2.3　复杂煤层巷道成形控制技术

由于塔山煤矿开采的石炭二叠系煤层在一些区域明显遭受过地质构造运动的作用，使得这些区域的煤体明显松软、破碎，巷道在穿越上述煤层区域时，往往会出现巷道顶板塌

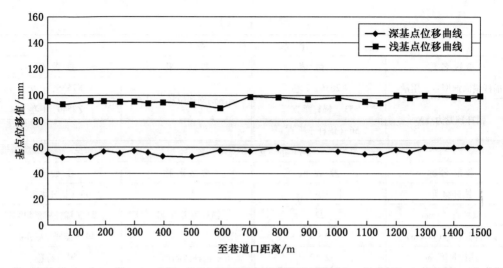

图 6-13　5102 回风巷顶板位移曲线

方严重，造成掘巷成形困难、施工速度慢的现象，不仅影响工程进度，而且是煤层巷道掘进的安全隐患。为解决上述问题，保证掘进工作面前方煤体或围岩的自稳能力，采取超前支护方法是十分必要的。

根据塔山煤矿地质情况，掘巷时遇到小范围破碎带，巷道成形控制使用钢针超前支护技术；在大范围破碎煤层中掘巷时的巷道成形控制中使用导管注浆超前支护技术。

1. 钢针超前支护技术

掘进前沿巷道走向在顶板区域的开挖轮廓线上打水平钢针，以确保顶板不垮落和巷道成型。钢针为 ϕ32 mm 的螺纹钢，长一般为 3 m，布置间距 0.3 m，暴露段与 32 mm 螺纹钢拱连接并由顶板锚索固定（图 6-14）。钢针安装孔向开挖轮廓线外偏转一定角度，一般控制在 10°～15° 为宜，安装孔深度控制在 2.7 m 左右。为合理配合顶板巷道围岩支护，钢针长度也可以根据顶板锚索排距进行适当调整，使得每一个超前支护循环与顶板锚索支护相协调。

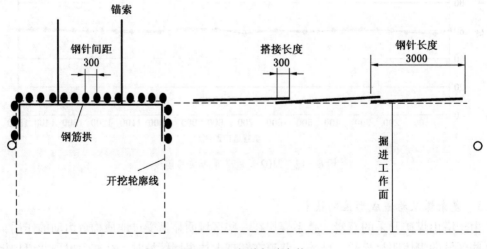

图 6-14　钢针超前支护

2. 导管注浆超前支护技术

导管超前注浆是一种有效的超前支护方法。这种方法是沿开挖轮廓线以一定的仰角向掘进工作面前的煤层打 φ32~45 mm 的注浆导管并进行注浆加固，充分填充破碎煤体中的裂隙并黏接煤块，使之增强整体性并提高其承载能力，防止掘进期间顶板围岩垮落、坍塌，以达到巷道掘进成形好、围岩支护方便、快捷的目的。

注浆导管由内径为 10~20 mm 的厚壁塑料管或金属管制成；管身加工溢浆孔若干，按梅花形排列，孔径为 6~12 mm，孔距为 20~30 cm，管身后端 1 m 范围不设溢浆孔。为控制巷道成形，注浆孔沿顶板轮廓线布置，注浆孔间距由浆体渗透半径确定，一般应考虑注浆范围有一定的叠加。注浆孔间距 $L_0 = (1.5~1.7)R_k$，其中 R_k 为实测的浆液渗透半径。

确定打孔方向、位置和外插角后，用风动或液动钻孔设备（一般情况下可使用煤电钻）钻孔，孔径控制在 32~45 mm，要求成孔顺直。注浆孔完成后，将注浆管对准管孔插入，必要时使用辅助推进设备安装。要求注浆导管尾端保持在同一个平面，外露长度控制在 30 cm。注浆前对所有打好的孔依次进行封孔，封孔方式可选用同煤集团发明的布包封孔法（图 6-15a）。封孔 20 min 后开始向孔内泵注浆液（图 6-15b）。浆液可选异氰酸酯和组合聚醚配合成的聚氨酯材料，配合比为 1:1，注入压力控制在 8 MPa。按比例配合好的浆液为黏稠状，呈褐色或灰色，容重 1.25~1.35 g/cm³，略带异味，具有低毒阻燃的性质，固化后围岩的单轴抗压强度可达 4 MPa。

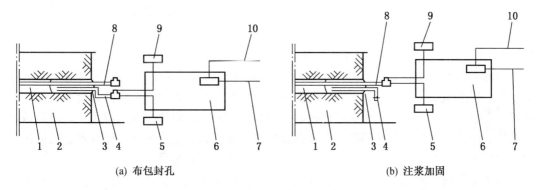

(a) 布包封孔   (b) 注浆加固

1—钻孔；2—煤层；3—封孔布包；4—封孔软管；5—聚醚；6—压注泵；
7—进液管；8—注液管；9—异氰酸酯；10—回液管

图 6-15 导管注浆超前加固

6.3 垮落松散煤岩体中大断面巷道再造技术

6.3.1 工程问题背景

塔山煤矿永久巷道多为煤巷，巷道顶煤厚度大，层理、节理发育，加之受到地质构造的影响，极易离层、片帮，发生冒顶。矿井建设期间，在掘进主要水平大巷时相继发生两起巷道大面积冒顶。2004 年 9 月 5 日，1070 主要运输大巷在与带式输送机驱动硐室贯通施工过程中，从 1070 回辅联巷向主平硐掘进到 22.5 m 时，发生冒顶，冒顶范围长×宽×高 = 20 m×12 m×18 m。2005 年 3 月 28 日，1070 辅助运输巷掘至 415 m 处发生大面积冒顶，冒顶范围长×宽×高 = 47 m×8 m×12 m。

据现场冒顶情况，综合钻探孔、垮落地点的垮落物等各种勘察信息判断，塔山煤矿1070辅助运输巷冒顶事故发生地点上方存在有小煤窑采空区（图6-16）。巷道上覆小煤窑采空区对巷道围岩应力分布及破坏特征的影响，扩大了围岩的损伤区范围，加剧了巷道围岩受力不对称性和围岩的失稳。加之火成岩和地质构造作用，使煤体变质、疏松，导致巷道在掘进过程中片帮严重，巷道超宽，这是大面积冒顶形成的主要原因。采空区的存在改变了其周围一定范围内岩层的应力场状态特征及岩层的物性状态特征，因而将使布置在此区域内的巷道围岩矿压显现规律及稳定性状态表现出不同的特征。

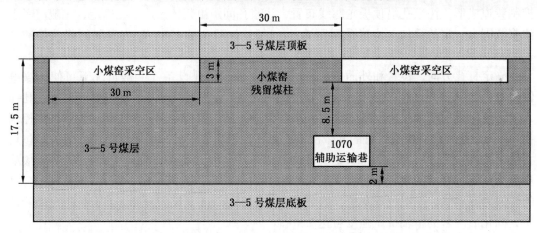

图6-16　小煤窑采空区与1070辅助运输巷的相互关系

6.3.2　冒顶区再造巷道的支护方式选择

作为永久或长期服务的1070辅助运输大巷和主要运输大巷，冒顶巷道再造本着易施工操作、易成型、支护强度大、抗变形能力强的原则，再造巷道支护应首选金属支架。其有利于巷道进行补强加固，后期还可进行如锚网、喷浆和砌碹等技术的应用。即首先考虑松散体巷道开挖中的稳定性问题，以及由破碎煤岩体导致的地压集度，针对再造松散体支架结构的承载和变形要求，作为支护设计和施工工艺的重要参数。

通常使用的金属支架分为平顶形金属支架和拱形金属支架。从适用性上看，平顶形金属支架适用于顶板相对稳定和整体性强、断面在6.5～10 m² 的工作面巷道。该种支架虽然也可实现可缩设计，但支护断面形状不利于保持自然稳定，与顶板垮落后形成的自然平衡拱不吻合，且承载能力相对较弱，支架不容易实现侧向可缩。鉴于上述原因，其应用范围受到很大限制。拱形金属支架一般都是可缩性的，它除具有一般金属支架的优点外，更由于其断面形状与顶板垮落后形成的自然平衡拱相吻合，有利于保持巷道稳定性，此优点对于大断面巷道尤为明显。因此，1070辅助运输大巷或主要运输大巷冒顶区巷道再造时应优先选用拱形可缩性金属支架。拱形可缩性金属支架由拱形顶梁、棚腿和连接件组成，拱形可缩性金属支架由矿用U型钢组。这种型钢抗弯、抗扭性能好，有良好的搭接性，由连接件夹紧后能在保持一定的工作阻力的情况下具有可缩性，所以，既能在一定程度上抑制巷道围岩变形，又能适应围岩的变形，达到让压的目的。根据巷道冒顶区围岩稳定性理论分析，并考虑适当的安全储备系数，巷道再造时选用的金属可缩性支架为29U型钢五节式，架设间距为0.5 m。

垮落下来的顶板与两帮破坏的煤体为松散煤岩体，呈流砂状，随清理随垮落，难以实现巷道再造工程，因此，必须考虑巷道冒顶区的支护加固技术，即首先对垮落与非垮落过渡区进行加固支护，选用木垛台棚、单体钢梁等组合支护方式，使过渡区形成稳定平衡结构，为巷道再造技术的实施提供安全工作空间。

6.3.3 1070 辅助运输大巷冒顶区巷道再造

根据现场测试和理论分析结果，对 1070 辅助运输大巷冒顶区巷道再造采用钻打超前密集岩芯钢管→预注马丽散对松散煤岩体进行固化形成人工顶板→清理松散煤岩体→架设U 型支架→壁后注水泥浆→形成再造巷道的技术方案。

对 1070 辅助运输大巷冒顶区巷道再造采用注水泥浆充填垮落空洞→凝固与围岩形成整体→导硐施工→形成再造巷道的技术方案。

1. 冒顶与非冒顶过渡区巷道加固技术

冒顶与非冒顶过渡区巷道片帮严重，导致巷道超宽，局部巷道宽度超过 8.0 m，巷道围岩整体性差。为防止巷道冒顶区继续扩大蔓延，提供巷道再造施工工作空间，必须进行补强加固支护。

（1）首先对接近冒顶区的巷道进行补强加固支护。即在距离冒顶区 20 m 范围内，开始架设钢棚（单体钢梁），钢梁用 11 号工字钢，腿高 4 m，梁长 6.5 m，棚间距 1.0 m，在接近冒顶区口 5 m 范围内棚距缩至 0.5 m。在距离冒顶区 30 m 架设木垛台棚，棚腿用把具或双股 8 号铅丝固定。在距离冒顶区 30 m 以外的 200 m 范围内采用木点柱支护，点柱位于巷道左侧靠近皮带架处。点柱采用直径大于 200 mm 的圆木，柱帽规格 0.8 m × 0.15 m，柱距 1.5 m（图 6-17）。

图 6-17　木垛台棚、单体支柱、钢梁组合支护

（2）在接近冒顶区 10 m 范围采用 U29 型支架进行支护，在钢棚支护间距 0.5 ~ 1.0 m 的空间内架设 U29 型支架。其中支架直腿部分 1.49 m，以保证断面净高 4.0 m。直腿部分两侧用木背板刹紧充填。

2. 松散煤体内的巷道再造

（1）采用履带行走式液压支架作为临时支护及工作平台，在冒顶区沿巷道顶板轮廓线采用 TUX-75 钻机，在松散煤体内直接钻打 ϕ89 mm 的密集岩芯无缝钢管，一次钻进最大长度为 9 ~ 11 m，岩芯钢管长度 1.5 ~ 3.0 m，间距为 0.2 ~ 0.3 m，形成人工顶板骨架。

（2）通过 MZ-1.2 煤电钻钻打 ϕ28 mm 的自攻钻杆，通过自攻钻杆注入新型胶结材料马丽散，对垮落的松散煤体进行固化，防止顶煤再次大面积垮落，在上部充填罗克休材料进行垮落空洞的充填。

（3）将巷道周边松散体固结形成人工顶板后，使用小型铲车装载人工顶板下部的垮落煤岩体，由刮板输送机进行转载运输（图6-18）。

（4）清除垮落煤岩体后在超前钢排管为骨架的人工顶板下架设 U 型钢支架进行支护（图6-19）。

（5）喷浆封闭固化巷道表面，进行壁后注水泥浆，充填空洞，形成再造巷道（图6-20）。

（6）使用顶板离层仪对再造巷道进行监测监控。

图6-18　铲车的现场应用

图6-19　U型支架支护

图6-20　再造巷道现场

6.4　主巷不间断运输条件下全煤特大断面交叉硐室施工技术

6.4.1　工程问题背景

塔山煤矿二盘区输送带搭接机头交叉硐室沿 3—5 号煤层底板布置，煤层厚度 15 m，煤层顶板为煌斑岩、炭质泥岩、粉砂岩。由于硐室布置 1.6 m 带宽的强力带式输送机机头及其与 1070 运输大巷搭接部分，担负着二盘区的主要运输功能，因此该交叉硐室最大断面为 103 m²，交叉跨度为 15.6 m，为特大断面硐室，是矿井和二盘区的重点工程。与很多矿山硐室布置在岩层中不同，塔山煤矿特大断面交叉硐室布置在煤层中，其硐室掘进技术和支护参数选择在国内外都是少见的。在不影响一盘区生产的情况下，为解决因火成岩侵入影响下的大同矿区石炭系特厚破碎煤层中的特大断面交叉硐室的支护与施工难题，保障硐室支护的安全和技术经济效果，有必要针对上述存在的主要问题，根据具体的地质条件和生产技术要求，开展主巷不间断运输条件下全煤特大断面交叉硐室施工技术研究，解决此类硐室的施工与支护难题，确保巷道安全，降低巷道综合支护成本，提高掘进速度，加快矿井建设，为高产高效安全生产创造有利条件。

6.4.2 施工方案设计

整体巷道掘进分 3 段进行：二盘区带式输送机大巷为 1 段，带式输送机机头硐室为 1 段，1070 运输大巷搭接硐室为 1 段，具体施工流程如图 6-21 所示。

施工过程如下：

（1）二盘区带式输送机大巷采用全断面掘进与导硐分层掘进。导硐分层掘进时拱基

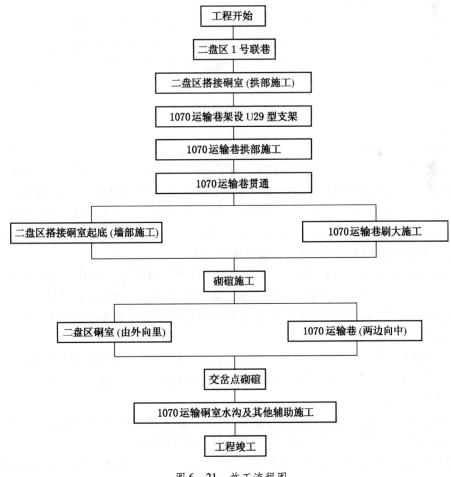

图 6-21 施工流程图

线以上为导硐层，拱基线以下为一层，先拱后墙。

（2）带式输送机机头硐室为导硐分层掘进。先拱后墙，导硐层掘进高度 3 m，第二层掘进高度 3 m，第三层掘进高度 2.15 m，考虑到通风问题，先进行导硐施工与 1070 运输大巷贯通。

（3）1070 运输大巷搭接硐室的掘进。由于该硐室断面大，硐室导硐施工顺序很关键，因此采取两段平分、先拱后墙方案，每层掘进或刷大高度 3 m。从 1070 运输巷水沟侧向另一侧进行，第一阶段施工硐室交叉点 1070 运输巷出井段，第二阶段施工硐室交叉点 1070 运输巷入井段。整个硐室分为 5 个导硐完成，先按照 1 号导硐断面从二盘区方向上爬施工到设计位置，沿 1070 运输巷中心方向向井口方向施工贯通，再按 1 号导硐向井底方向进行，当整个硐室贯通后按导硐顺序进行刷大施工。每层掘进或刷大高度 3 m，先拱后墙。先从二盘区方向上爬施工到设计位置，沿 1070 运输巷中心方向向井口施工，然后再回头施工。

（4）拉紧硐室和操作硐室根据所在部位同时掘出。

另外，为了在扩大 1070 输送带搭接硐室断面时不影响 1070 运输大巷运输和通风，必须预先对 1070 运输大巷的电缆、管路和输送带及人员的安全采取特殊的保护措施。

6.4.3　主巷不间断运输的保障技术

1070 运输巷担负着塔山煤矿全矿井的运输任务。二盘区带式输送机将与 1070 带式输送机搭接，形成二盘区运输系统。由于二盘区运输巷与 1070 运输巷的高差，使得搭接硐室掘进高度为 11.85 m，掘进宽度为 9.5 m，而原 1070 运输巷宽度为 5.5 m，高度 4.2 m，因此必须刷大 1070 运输巷。如按正常施工将必然对 1070 运输巷造成停产，从而影响到全矿井的生产。为避免矿井停产，又要做到施工安全，就必须对 1070 运输巷及其设施，以及施工人员的安全加以保护。

1. 交叉段巷道的维护

在刷扩 1070 水平输送带搭接硐室时，为了保护刷扩施工人员的安全，在 1070 运输大巷二盘区输送带搭接硐室处，架设金属可缩性支架（为 U29 型钢五节式）。支架设计为直墙半圆拱形，净宽 5350 mm，高度 4275 mm，间距 500 mm，支架与支架之间用 φ18 mm 的圆钢拉钩进行连接。支架后空洞密排水泥背板（长 × 宽 × 厚 = 1100 mm × 200 mm × 50 mm），用塑料编织袋装碎煤进行充填（图 6 - 22）。

在刷扩搭接硐室时为保证 1070 运输大巷的正常通风和运输，利用 11 号工字钢和木质大板造一个人工矩形巷道，其断面规格：宽 × 高 = 4200 mm × 4000 mm（图 6 - 23）。11 号工字钢棚间距为中至中 300 ~ 400 mm，棚与棚之间除用拉钩连接外再用 2 寸（66 mm）钢管在顶帮各绑扎 3 趟。

考虑钢棚的稳定性在钢棚两端用 11 号工字钢进行斜撑，其角度不大于 60°；由于钢棚跨度为 4000 mm，在离输送带 300 mm 的位置每架棚各打一个 11 号工字钢点柱。

2. 过渡段巷道的维护

在过渡段刷扩时，为防止煤矸滚落砸坏 1070 运输大巷中的管路和输送带，以及防止施工人员掉落输送带发生意外，必须采取以下特殊保护措施：

如图 6 - 24 和图 6 - 25 所示，架设 11 号工字钢棚，每端 10 m，总长度 20 m，棚与棚之间用 6 根 φ18 mm × 700 mm 圆钢拉钩进行固定，棚距中至中 500 mm。钢棚上方和两侧

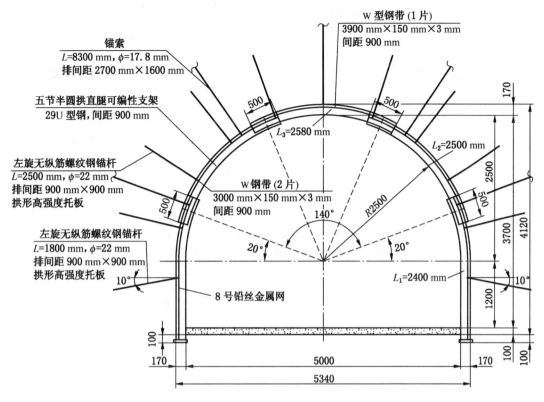

图 6-22　1070 运输巷架设 U29 型钢支护断面图

用木质大板进行封闭。

6.4.4　支巷施工技术

1. 支巷施工工艺

支巷施工分为两段进行：二盘区带式输送机大巷，带式输送机机头硐室。

（1）二盘区带式输送机大巷进行全断面掘进时，开口 5 m 用风镐掘进（其余用普通钻爆法施工），21 m 挪一次耙煤机；进行导硐分层掘进时，拱基线以上为导硐层，拱

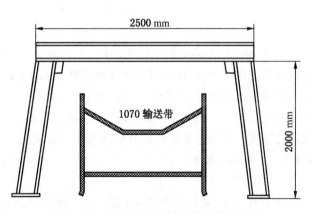

图 6-23　架设 11 号工字钢棚支护断面图

基线以下为一层，先拱后墙。导硐层掘进采用光面爆破，导硐结束后采用打立眼爆破起底，每次爆破长度不大于 5 m，从二盘区向 1070 运输大巷方向进行。

（2）带式输送机机头硐室为导硐分层掘进。先拱后墙，导硐层掘进高度 3 m，第二层掘进高度 3 m，第三层掘进高度 2.15 m，考虑到通风问题，先进行导硐施工与 1070 运输大巷贯通。导硐层掘进采用光面爆破，第二层、第三层掘进待贯通后采用打立眼爆破，每次爆破长度不大于 5 m，从二盘区向 1070 运输大巷方向进行。

2. 支巷支护方式

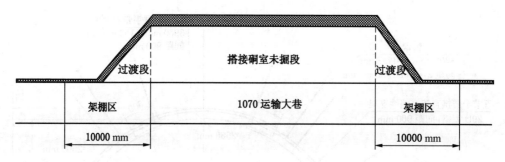

图 6-24 过渡段架棚示意图

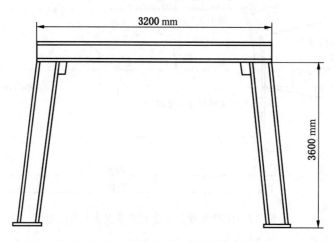

图 6-25 架设 11 号工字钢棚示意图

支巷采用锚网索格栅喷作为一次支护,永久支护采用 11 号工字钢混凝土砌碹,直墙混凝土厚度 600 mm,拱部混凝土厚度 500 mm。考虑到砌碹滞后,为保证施工安全,掘进时按间排距 2000 mm×5400 mm 增加组合锚索支护,组合锚索托板为 600 mm×600 mm×10 mm 方铁托板,在托板四角和正中各布置一根锚索,中间一根锚索的长度为 10.3 m,其余的锚索、树脂药卷要求同其他锚索支护要求。

6.4.5 主巷施工技术

1. 主巷施工工艺

由于 1070 运输大巷搭接碹室断面大,碹室导硐施工顺序很关键,因此采取两段平分、先拱后墙方案,每层掘进或刷大高度 3 m。从 1070 运输巷水沟侧向另一侧进行,第一阶段施工碹室交叉点 1070 运输巷出井段,第二阶段施工碹室交叉点 1070 运输巷入井段。整个碹室分为 5 个导硐完成,先从二盘区方向上爬施工到设计位置,沿 1070 运输巷中心方向向井口方向施工贯通,再向井底方向施工贯通,当整个碹室贯通后,按导硐刷大顺序进行刷大施工。每层掘进或刷大高度 3 m,先拱后墙,刷大施工方向与贯通施工方向一致。

拱部导硐采用光面爆破,第二导硐、第三导硐掘进待贯通后采用打立眼爆破,每次爆破长度 5 m。在距 1070 运输巷 1 m 时,为防止爆破打坏 1070 运输巷支护及防止施工人员发生意外坠落事故,采用风镐进行施工,并铺设金属网和木质大板。第四、第五导硐均采用风镐进行施工。

2. 主巷巷道支护

1070运输大巷搭接硐室采用锚网索格栅喷作为一次支护，考虑到砌碹滞后，为保证施工安全，掘进时按间排距2000 mm×5400 mm增加组合锚索支护，组合锚索托板为600 mm×600 mm×10 mm方铁托板，在托板四角和正中各布置一根锚索，中间一根锚索的长度为10.3 m，其余的锚索、树脂药卷要求同其他锚索支护要求。

3. 导硐与1070运输大巷的贯通

(1) 先与井口方向的运输大巷贯通，后与15联巷方向的运输大巷贯通。

(2) 工字钢棚顶部靠井口（15联巷）端搭设护栏，防止人员从贯通口滑落。

(3) 贯通点前后5 m的电缆、管路要放置在工字钢棚内，水沟重新改挖在巷道中部。

(4) 贯通断面先按拱部导硐断面（高度3.5 m，宽4.5 m）进行，随着向两端的掘进，断面逐渐变小，最后贯通口的断面为4200 mm×200 mm。

(5) 在离贯通点2 m时应采取小规模爆破和风镐相结合的方式进行小断面贯通，然后再进行大断面贯通。

6.4.6 主巷与支巷永久联合支护

1. 支护方式

由于二盘区带式输送机机头搭接硐室布置在煤层中，担负二盘区的主要运输任务，服务年限为40年，为保证巷道安全，巷道永久支护采用11号工字钢混凝土砌碹。

巷道砌碹混凝土时按照由外向里的原则进行（图6-26）。

2. 交叉点的联合支护

由于交叉点处支巷断面的变化，

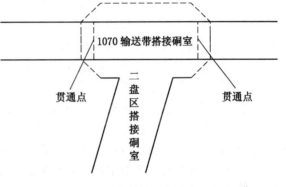

图6-26 主巷搭接硐室贯通示意图

必须将碹胎布置为扇形，短角处碹胎紧挨排列，长角处按中至中750 mm布置，因此需要根据每个断面尺寸加工相应的碹胎。

主巷与支巷在交叉点的砌碹采用分别架设碹胎、联合整体浇筑的方法。为保证主巷碹胎的稳定性，对不进行浇注一侧的碹胎支腿上用8号铁丝绑两根2寸（66 mm）建筑钢管，并用建筑钢管以不大于60°的角度进行斜支撑。

6.5 特厚煤层综放工作面特大断面开切眼支护技术

6.5.1 工程问题背景

综放开采的开切眼巷道属于回采巷道类别，与回采工作面巷道相比，其明显的特点是巷道跨度较大，围岩控制相当困难；开切眼大断面巷道多为矩形，两帮为煤层，顶板为煤层或岩层，围岩强度较低，受力复杂，围岩变形量和破裂范围都很大，这些都直接影响该类巷道的稳定性，支护较为困难。随着机械化程度的提高和重型设备的不断应用，对断面提出了更高的要求，跨度有加大的趋势。塔山煤矿综放工作面开切眼跨度已达10 m，以往的支护形式已经不能满足支护要求，这就要求采用新的支护形式，并研究该类巷道的控制机理。塔山煤矿综放工作面开切眼存在以下几方面因素更加大了支护难度：

（1）塔山煤矿设备规格尺寸大，考虑到设备搬家等方面因素，开切眼断面尺寸特别大，断面规格达到 10.0 m×3.9 m，国内无先例。

（2）塔山煤矿煤层厚度特大，巷道一般沿煤层底板掘进，煤层被煌斑岩侵入后，混煤结构较疏松、性脆易碎，巷道围岩松软破碎，煤层和岩层的不连续面容易发生离层，巷道围岩破坏范围较大，支护难度大。

（3）煤层自然发火期短，除考虑巷道支护外，还必须考虑防灭火。

针对塔山煤矿规格达到 10.0 m×3.9 m 的超厚煤层特大断面开切眼，从塔山煤矿地质情况出发，根据现场工程地质调查及室内岩土力学实验分析，结合巷道围岩破坏理论分析及巷道支护方案的数值模拟计算，提出合理的巷道支护方式及支护参数，解决该矿特厚煤层综放特大断面开切眼的支护技术难题，为安全、快速、高效生产提供技术保障。

6.5.2 特厚煤层综放工作面开切眼支护技术

8105 工作面开切眼沿 3—5 号煤层底板布置，巷道顶部煤层厚度达 12.5～13.4 m，形成了独特的围岩结构，主要表现在煤层本身成为巷道的顶板，并与两帮煤层形成单一岩性的全煤结构围岩。这与一般意义上的回采巷道围岩结构顶底板为岩石、两帮为煤层有显著区别，体现在巷道顶煤与两帮同属煤层，因而围岩变形具有显著的整体性和一致性；煤层强度较一般岩石低，且节理、层理发育，残余强度和长期强度极低，蠕变破坏趋势增强；顶煤破坏除原生裂隙的发展外，也很容易出现煤块的压剪破裂。

根据煤层赋存条件及顶板岩石变化特点，对 3—5 号合并层及顶底板进行了系统的力学参数测定，利用钻孔窥视仪对巷道顶板煤层裂隙和整体情况进行观察，对矿井地质报告所提供的地质资料做了对比与分析。选择锚杆、组合锚索、W 型钢带、金属网、混凝土联合支护形式，以形成群锚效应，维护巷道围岩的稳定。树脂锚固剂、锚杆、锚索、托板要强度配套，发挥锚杆—组合锚索支护系统的整体作用。适当加强金属网的强度及韧性，以形成高强锚固体系，并适应巷道顶、帮煤层的较大变形，保证锚杆—组合锚索—混凝土支护系统的安全可靠。

综合数值模拟支护参数设计结果，结合上述巷道围岩力学参数测试和顶板围岩钻孔窥视结果分析，8105 工作面开切眼支护方案如图 6－27 所示。

实际选用支护材料及参数见表 6－5。

1. 顶板支护

锚杆杆体为 ϕ22 左旋无纵筋高强螺纹钢筋，长 2.5 m，杆尾螺纹为 M24。锚固方式为端部锚固，两支树脂药卷，一支 K2335，一支 Z2360。配套高强度拱形托板，规格为 120 mm×120 mm×16 mm，顶板锚杆均与岩体垂直。W 型钢带规格为 5000 mm×250 mm×3 mm，排距 800 mm。锚杆排距 0.8 m，每排 12 根锚杆。锚索直径为 22 mm，长度为 8.3 m，锚索每排 6 根，间排距 1.6 m×1.6 m。锚索预紧力 200 kN，锚固力 25 t，3 支树脂药卷，一支 K2335，两支 Z2360，锚索托板为 300 mm×300 mm×16 mm 方铁托板。

从巷道中心线偏向右帮侧 0.9 m 处打第一排组合锚索眼，共 5 孔，呈正方形布置，钻孔直径 22 mm。单根锚索直径为 22 mm，长度分别为 6.3 m（2 根）、8.3 m（2 根）、10.3 m（1 根），锚索预紧力 200 kN，锚固力 25 t，3 支树脂药卷，一支 K2335，两支 Z2360，锚索托板为 600 mm×600 mm×16 mm 方铁托板。第二排组合锚索与第一排组合

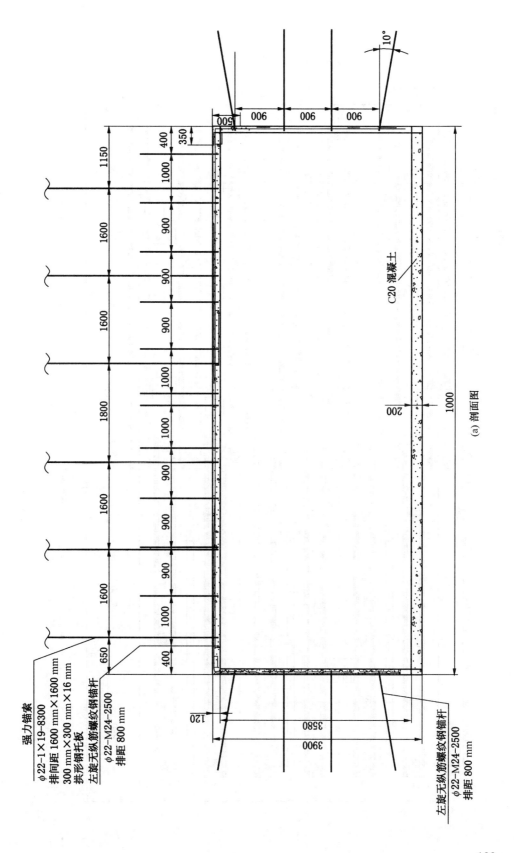

強力錨索
φ22-1×19-8300
排間距 1600 mm×1600 mm
300 mm×300 mm×16 mm
拱形鋼托板
左旋無縱筋螺紋鋼錨杆
φ22-M24-2500
排距 800 mm

左旋無縱筋螺紋鋼錨杆
φ22-M24-2500
排距 800 mm

C20 混凝土

(a) 剖面圖

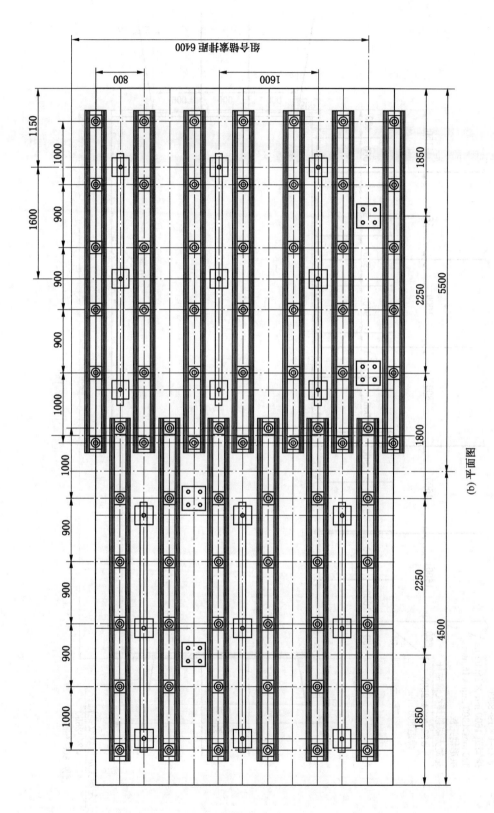

(b) 平面图

图 6 - 27 8105 工作面开切眼支护方案

表6-5　8105工作面开切眼支护材料及参数

编　号		锚杆材质	高强度螺纹钢	备　注
（一）	1	锚杆直径/mm	22	
	2	锚杆长度/mm	2500	
	3	锚杆延伸率/%	17	
	4	锚杆排距/mm	800	
	5	锚杆安装角度	垂直顶板和侧帮	
	6	钻孔直径/mm	28	
	7	锚固方式	端部锚固	
	8	锚杆预紧力/kN	≥100	
（二）	1	锚索种类	树脂锚固预应力锚索	
	2	锚索直径/mm	22	
	3	锚索长度/mm	8300	
	4	锚索拉断载荷/kN	355	
	5	锚索延伸率/%	3.0	
	6	锚索间距/mm	1600	
	7	锚索排距/mm	1600	
	8	锚索角度	垂直顶板	
	9	锚索孔直径/mm	28	
	10	锚索锚固方式	端部锚固	
	11	锚索预紧力/kN	200	
	12	锚索托板/(mm×mm×mm)	300×300×16	
	13	组合锚索托板/(mm×mm×mm)	600×600×16	
（三）	1	混凝土厚度/mm	200	
	2	混凝土型号	C20	

锚索间距 2.25 m，布置同第一排组合锚索。第二排组合锚索与第一排组合锚索排距 3.2 m，间隔交错布置。

2. 巷帮支护

锚杆杆体为 φ22 mm 左旋无纵筋高强螺纹钢筋，长 2.5 m，杆尾螺纹为 M24。锚固方式为端部锚固，两支树脂药，一支 K2335，一支 Z2360。W 型钢护板规格为 450 mm × 280 mm ×5 mm，排距 800 mm，采用拱形高强度托盘。巷道两帮上下第一根锚杆安设角度为与水平线成 10°，其余帮锚杆与岩体表面垂直。网片采用高强度塑料网。锚杆排距

0.8 m。设计充分考虑了巷道的围岩力学特征、顶板煤层厚度岩层强度与煤岩结构等情况，通过系统的数值模拟和理论分析确定出来，代表了现在锚杆锚索支护设计理念，设计的参数合理。

6.5.3 塔山煤矿特大断面开切眼支护效果

对塔山煤矿特大断面开切眼支护进行了现场监测，监测的主要参数包括围岩的表面位移、锚杆拉拔力、锚杆的锚固力、锚杆受力状态，以及围岩深部变形与位移等。

为了监测设计支护方案效果，在大断面巷道布设3个表面位移观测断面、3个锚杆受力观测断面，综合观测断面布置，如图6-28所示。监测结果表明，提出的锚杆—组合锚索—混凝土支护提高了支护结构的整体承载力，有效控制了巷道围岩的变形，达到了支护设计的预期效果，保证了8105工作面围岩的稳定性和正常使用（图6-29至图6-31）。

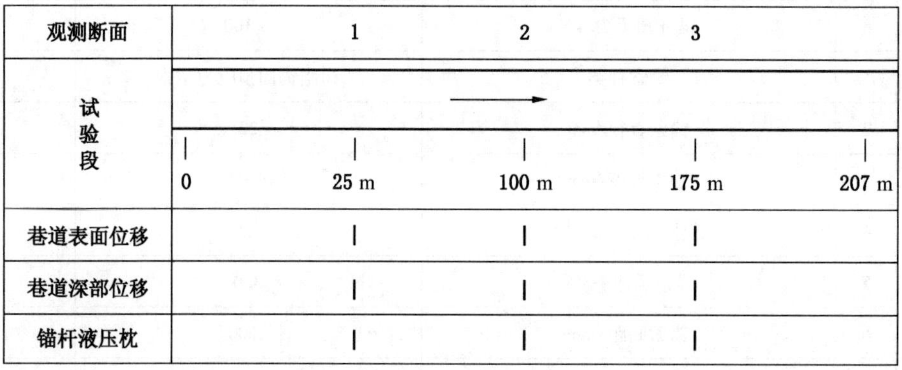

观测断面	1	2	3	
试验段				
	0　　　　　25 m	100 m	175 m	207 m
巷道表面位移	|	|	|	
巷道深部位移	|	|	|	
锚杆液压枕	|	|	|	

图6-28 大巷试验段综合观测断面布置

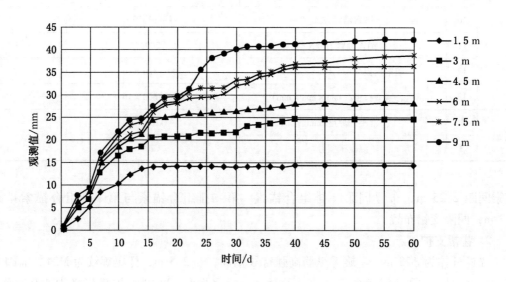

图6-29 1号观测断面顶板多点位移计观测曲线

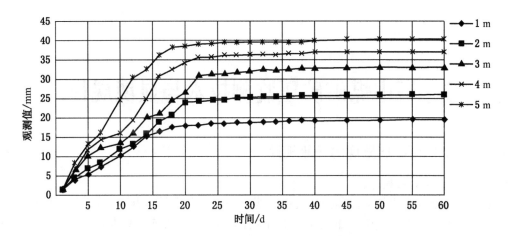

图 6 - 30　2 号观测断面帮部多点位移计观测曲线

图 6 - 31　开切眼实际支护效果

7 塔山煤矿矿压监测技术与显现规律

7.1 综放工作面矿压显现的一般规律

7.1.1 综放采场支架载荷

由基本顶结构形成的支撑压力主要由"煤壁—支架"共同承担,在综放工作面,"基本顶—直接顶—顶煤—支架"组成了一个相互作用的支围系统。基本顶产生的支撑压力直接作用在直接顶上,直接顶在载荷作用下变形破坏后,又把基本顶载荷和自身产生的载荷通过顶煤传递到支架上。基本顶与支架的相互作用是通过直接顶和顶煤来实现的,因而基本顶活动对于支架的影响取决于直接顶—顶煤—支架三者间的刚度对比,而直接顶对支架的作用又取决于顶煤的破坏程度和刚度大小。顶煤的存在改变了采场围岩的支撑系统特征,其力学参数和物理特征必将影响支撑压力在支围系统中的分配状况,同时,综放采场一次采出的煤层厚度比分层开采成倍增加,上覆岩层的垮落规律也发生了较大变化,因此综放采场的矿压规律和矿压显现与其他采煤工艺的采场相比有自身的特点。

当垮落顶煤放出后,垮落直接顶和顶煤的载荷由支架全部承担,另外,支架还要承担部分基本顶的作用力。由于在综放采场中,岩层垮落带高度增加,因此,作用在支架上的"给定载荷"要相应增大,即正常推进时综放采场的支护强度要比非放顶煤采场的支护强度大。不同条件的采场周期来压期间工作面平均支护强度的资料统计见表7-1。

表7-1 不同条件的采场周期来压期间工作面平均支护强度

矿 名		工 作 面	采煤工艺	支护设备	采高/m	平均支护强度/(kN·m⁻²)
徐州	大荒山	2233	炮采	HZWA	1.8	138
	义安	7102	炮采	HZWA	1.8	174
		7014	炮采	WS1.7	2.0	244
	张集	7301	炮采	HZWA	1.8	180
	三河尖	7102	炮采	DZ22	2.0	232
	夹河	7605	综采	WS1.7	2.4	353
	庞庄	738	综采	B92.1P	2.8	409
淮南	张集	1221 (3)	综放	ZFS/16/26	4.37	268
	新集	1303	综放	ZFS4000/19/28	8.4	414
兖州	东滩	143上07	综放	ZFS6200/18/35	8.5	440
	兴隆庄	4314	综放	ZFS6200/18/35	8.9	459

由表 7-1 看出，尽管采煤工艺不同，支护条件不同，采场单位面积上的平均工作阻力随一次采出的煤层厚度的增大而增大，这个规律在炮采和综采采场下更明显。综放采场一次采出的煤层厚度是炮采和综采的数倍，但采场单位面积上的平均工作阻力并没有按几何倍数增加，甚至与大采高一次采全高工作面相比还有所下降，原因有两个，首先是煤的密度较岩石的密度低，相同厚度的情况下，煤作用于支架上的载荷小；其次是煤的强度较低，在支撑压力作用下变形破坏后，传递力的能力降低。

在有些综放采场，测得的支架工作阻力普遍偏低，这实际上是支架处于不正常工作状态的表现，可能是以下原因造成的：

（1）顶煤采出率低，采空区内大量浮煤，基本顶最终位态高。

（2）支架处于低位工作状态，基本顶作用力不能有效作用于支架上，在顶煤与直接顶较松软破碎的情况下，甚至与基本顶失去力的联系。

另外，根据大量现场实测资料统计分析，综放采场液压支架前柱工作阻力普遍高于后柱工作阻力。这主要是靠近采空区的顶煤容易破碎，失去传递力的介质作用，导致顶板压力对支架的合力作用点前移造成的。在"两硬"采场，液压支架的工作阻力仍然是后柱较高。

可见，虽然综放采场单位面积上的支护强度有所增加，但支架所需承担的载荷增加幅度是有限的。

7.1.2 综放采场动载系数

在综放开采中，顶煤作为一种垫层，传递着上覆岩层力的作用。顶板的最终变形（在采空区）基本上由采高决定，而顶板在工作面上方这一区域的变形要受到顶板岩性、顶煤特性等的影响。

综放支架对顶板的控制是通过"支"和"护"来实现的，不同顶板条件对"支"和"护"要求是不同的。支架与围岩条件相适应表现在既要支撑住上位顶板岩层又要维护下位顶板的完整。顶板破碎严重时，由于失去了传递力的介质，支架不能有效地接顶，支架对顶板"支"的作用无从发挥，结果造成顶板破碎的恶性循环。若维护下位顶煤的完整或对小冒顶及时处理，支架具备支撑的客体，使"支"的能力得到发挥，则可使支架进入正常工作状态，避免大冒顶的发生。与支架的作用相对应，顶板的控制也应做到维护下位顶煤的完整同时又不要使顶板的下沉量太大，并且两者之间是相互制约的。若顶板下沉量较大，必然造成下位顶煤的破碎，而破碎顶煤的垮落又无法传递对上位顶板的作用力，使下沉量更大。事实上支撑作用的发挥可以明显地减少下沉量，为"护"创造条件。显然，综放支架的"支"与"护"是互为条件和基础的，而在不同的顶板条件下，"支"与"护"的作用程度是不同的，破碎顶板以"护"为主，坚硬顶板则以"支"为主。而综放开采条件下应同时强调"支"和"护"的作用，只有当两者都得到发挥时，才能实现对顶煤的破碎和端面冒顶的有效控制。现在分析综放采场的支围系统。

从资料统计来看（表 7-2），综放采场支架动载系数普遍比炮采、综采采场的支架动载系数小，尤其是在煤层条件大体相同的阳泉一矿、邢台矿、兴隆庄矿和忻州窑矿不同采场的对比中，综放采场的支架动载系数比分层开采顶分层时普遍减小。其中忻州窑矿综放采场的动载系数较高，主要是由于顶煤硬度大（其 f 值在 3.5 以上），支架刚度与煤的刚度比值小，顶煤对基本顶载荷传递力强所致。

表7-2 部分采场动载系数

矿区矿名	徐 州			阳 泉		邢 台		大 同		兖 州	
	大黄山	权台	董庄	一矿		邢台矿		沂州窑矿		兴隆庄矿	
工作面号	348	3107	3304	8602	8603	7205	7803	8922	8920	5301	5306
支护方式	HZWA	OKⅡ	HZWA								ZFS6200
采煤工艺	炮采	综采	炮采	顶层	综放	顶层	综放	顶层	综放	顶层	综放
动载系数	1.58	1.35	1.65	1.36	1.28	1.23	1.14	2.1	1.74	1.33	1.33

7.1.3 综放工作面顶煤活动规律

随着综放开采技术在我国的广泛应用，许多学者采用相似材料模拟、数值计算、计算机仿真及深基孔顶煤位移现场观测等方法对顶煤运移规律进行研究，对综放工作面煤壁前后的顶煤进行了变形分区，研究了不同区域顶煤变形特征、裂隙发育状况，以及顶煤的受力问题，归纳起来有以下基本规律：

（1）顶煤始动点位置与煤层硬度有关。顶煤越软，顶煤始动点超前工作面煤壁的距离越远；反之，顶煤越硬，顶煤始动点超前工作面煤壁的距离越近。同一煤层，顶煤层位越高，其始动点位置超前工作面煤壁距离越远。

（2）综放工作面煤壁前方顶煤位移主要以水平位移为主，随着工作面的推进，垂直位移逐渐增大；煤壁后方支架上方的顶煤以垂直位移为主，垂直位移大于水平位移。

（3）顶煤垮落角与煤的硬度有关。软煤的顶煤垮落角大于90°，中硬煤的顶煤垮落角为80°左右，而硬煤的顶煤垮落角较小。综放开采顶煤位移量的大小反映了顶煤中裂隙发育情况，位移量越大，顶煤中裂隙越发育。根据大量的顶煤运移实测资料，经回归分析得出综放工作面顶煤运移规律，即顶煤位移量与顶煤距工作面煤壁距离之间满足指数函数：

$$S = ae^{bx} \tag{7-1}$$

式中　　S——顶煤的位移量；

x——顶煤位移点与综放工作面煤壁之间距离，顶煤位于综放工作面煤壁前方时 x 为正值，顶煤位于煤壁后方时 x 为负值；

a、b——常数，其值与煤层厚度 M、顶煤普氏系数 f 及顶煤位移点的高度 H 有关。

7.2 塔山煤矿综放工作面矿压观测技术

7.2.1 工作面巷道顶板监测技术

工作面巷道顶板监测包括顶板离层监测、顶板压力监测。顶板离层监测采用山东尤洛卡公司生产的顶板离层监测仪，分 KJD25 在线监测离层传感仪和 KGE-30 顶板离层报警仪两种。在线监测传感仪测得的顶板离层数据经数据线直接传输至地面监测监控中心电脑上，由监控中心值班人员24小时监控数据变化情况；顶板离层报警仪测得的顶板离层数据由矿压组人员进行人工采集监控。以在线监控系统为主，报警仪监测为辅。

KJD25 顶板离层报警系统是一个智能一体化的监测报警主机，可同时监测4组8个基点数据，并具有现场报警功能；系统故障自诊断能力，可实现井上接收系统无人值守运行（图7-1）。

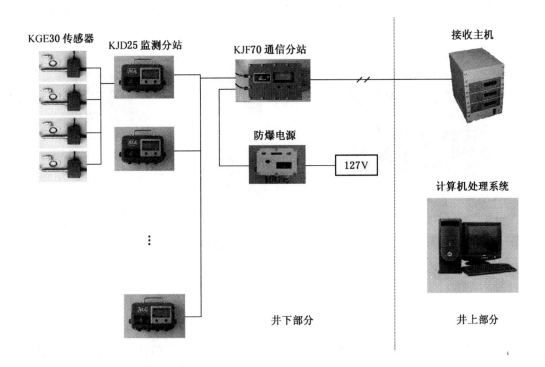

图7-1　KJD25顶板离层报警系统组成及结构图

KGE-30顶板离层指示报警仪集传感器、微电脑、电源为一体，由手持数据采集器遥控采集数据，实现无线数据传输功能。该设备具有测量精度高、低成本、免维护等特点（图7-2）。

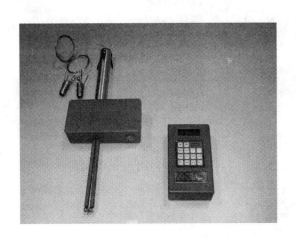

图7-2　KGE-30顶板离层指示报警仪

工作面两端头超前支护采用单体液压支柱进行，因单体液压支柱随着工作面的推进需要进行频繁的支设和回撤，不适合在线监测，故采用山东尤洛卡单体支柱工作阻力记录仪，数据采用便携式采集器人工采集。用于单体液压支柱的压力检测记录，可连续记录多达 10 天的数据，通过采集器无线采集，由计算机处理数据（图 7-3）。

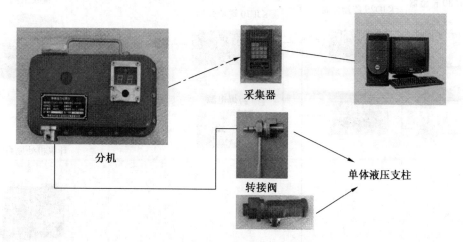

图 7-3 单体液压支柱压力监测系统

7.2.2 工作面液压支架工作阻力监测技术

工作面液压支架工作阻力监测采用山东尤洛卡公司生产的 ZYDC-1 型液压支架计算机监测系统（图 7-4、图 7-5）。它将安装在液压支架上的压力分机所测的压力值通过数据线传输到地面计算机系统进行数据分析，实现工作面综采支架阻力连续不间断在线监控。

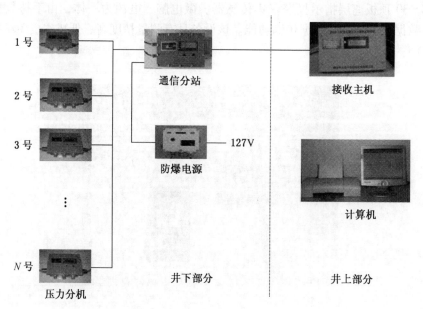

图 7-4 ZYDC-1 液压支架阻力监测系统结构图

7.2.3 煤壁片帮及工作面巷道变形监测技术

7.2.3.1 工作面煤壁片帮观测技术

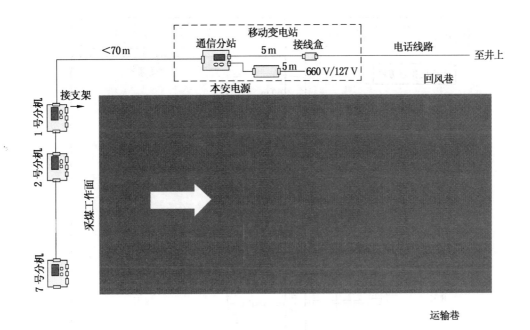

图7-5 ZYDC-1液压支架压力计算机监测系统工作面部分

与支架工作阻力测线相对应，以安装ZYDC-1型矿用数字综采支架压力监测系统的支架为观测基准，分别观测支架前方煤壁的片帮与顶板破碎情况。仪器采用超声波测距仪（或钢卷尺），以挡煤板的内侧为基点，量取到片帮的距离和到煤壁的距离，两者之差就是片帮深度。平时每天测一次数据，来压期间每个班量测一次。

7.2.3.2 工作面巷道变形观测技术

为了测量超前支承压力在开采过程中对巷道变形的影响，在两工作面巷道内设3组测站6个观测点，距煤壁起10 m和20 m一组，50 m和60 m一组，90 m和100 m一组，采用单十字布点法进行观测（图7-6）。

7.2.4 采动压力微震监测技术

采用微地震监测方法，利用岩石在应力作用下发生破坏产生的微震和声波，通过在采动区域内的顶板和底板内布置多组检波器并实时采集微

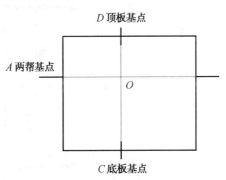

图7-6 巷道围岩位移测点布置图

震数据，经过计算机数据处理进行采动应力场分布监测，可以掌握煤及顶底板的破裂情况，结合覆岩空间结构理论进行应力场分析（重点分析应力集中区，如"见方"来大压的力源研究、特厚综放工作面动态支承压力极值地点等），进而得到超前支承压力的分布规律、覆岩运动规律，进而指导工作面的开采，保证煤矿安全。

考虑到工作面倾角较小，四周是实体煤，开采后两巷周围岩层运动与应力分布相对于工作面走向中线来说，是对称的。因此，只要在一条巷道内布置测区即可。8103综放工作面微地震监测系统检波器平面布置如图7-7所示。

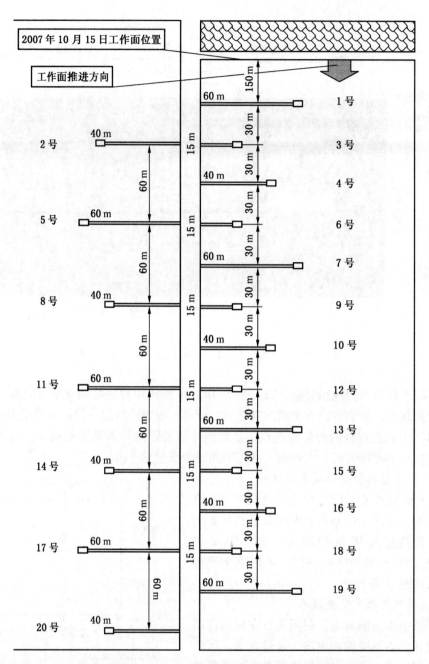

图 7-7 8103 综放工作面微地震监测系统检波器平面布置图

在距离开切眼 200 m 处设第一个钻孔，向上垂深 30 m，钻孔向煤柱侧倾斜，这样可以使钻孔寿命延长。每隔 100 m 左右布置相同的钻孔 4 个，即一共有 5 个顶板钻孔。在两个顶板钻孔之间，布置 5 个深 15 m 的煤层钻孔，钻孔朝向工作面。最外侧的两个岩层钻孔中各布置两个三分量检波器，确保顶煤破裂范围的监测精度。其余一孔一个三分量检波器。监测主机可以放在距离开切眼 600 m 处的工作面巷道内，只要在工作面巷道下帮开一个深 1 m、长 2 m 的边窝，用于放置监测主机即可。

由于微地震监测信号的有效区域一般在 200～300 m，坚硬岩层断裂的监测距离可以达到 1000 m 以上，因此，目前的测区可以覆盖走向 800 m、工作面巷道两侧各 300 m 的区域。监测组每天用移动硬盘拷贝数据到地面进行分析。

7.3 塔山煤矿综放工作面矿压显现规律

7.3.1 综放工作面顶煤结构

根据开采中顶煤所处不同地质、物理、采矿条件，塔山煤矿存在 4 种典型的顶煤情况，见表 7-3。

表 7-3 4 种典型顶煤的存在条件

典型模型	顶 煤 存 在 条 件	备　　注
1	上部顶煤存在较厚较硬的夹矸，或存在坚硬顶煤	煤—煤结构（图 7-8）
2	顶煤硬度相近，无大的支承压力，无悬顶	正常可放（岩—矸）顶煤结构（图 7-9）
3	周期来压前后上部顶煤破碎（硅化煤的存在），顶煤超前垮落	超前垮落结构（图 7-10）
4	地质构造及相变带等	片帮抽冒结构（图 7-11）

形成图 7-8 所示的煤—煤结构顶煤存在的条件：煤层中存在厚硬夹矸，顶煤结构复杂，顶煤或夹矸的断裂块度大，未垮落的顶煤和已经垮落的大块顶煤形成传递力的煤—煤平衡结构。随悬顶，形成如图 7-9 所示的顶煤和顶板结构——岩—矸结构。上部煤层节理裂隙发育，周期来压前后顶煤破碎，顶煤在放煤时超前垮落，形成如图 7-10 所示的超前垮落结构顶煤存在状态。

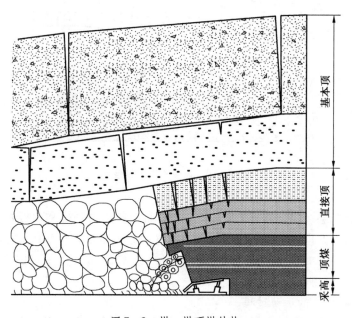

图 7-8　煤—煤顶煤结构

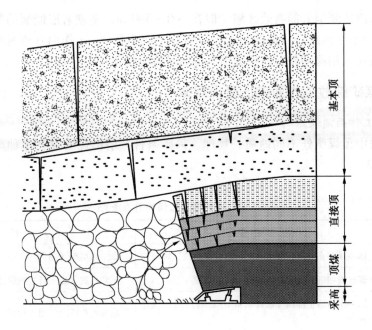

图 7-9　正常可放顶煤结构

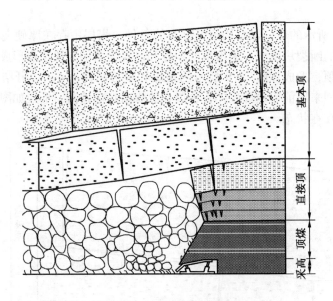

图 7-10　超前垮落顶煤结构

　　工作面遇有断层、相变带等地质构造，工作面支架上方顶煤和顶板岩层较破碎，煤壁出现片帮，机道上方顶煤及顶板岩层易发生抽冒，形成如图 7-11 所示的片帮抽冒结构顶煤存在状态。

7.3.2　综放工作面顶板运动过程

7.3.2.1　直接顶结构的运动过程

　　顶煤从垮落到放完是一个动态过程，直接顶厚度是变化的，基本顶位态也是变化的，

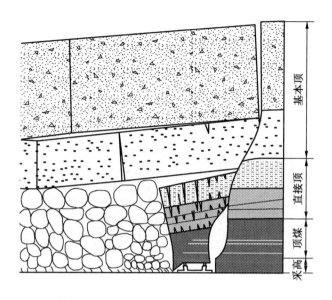

图 7 - 11　片帮抽冒顶煤结构

即采空区的充填程度决定着直接顶的垮落厚度和上覆岩层结构的稳定性。顶煤放出率不同，直接顶垮落厚度不同。随着顶煤的放出，工作面顶煤及上覆顶板岩层动态演化过程如图 7 - 12 所示。

　　在放煤初期，顶煤放出率低，出现支架上方未垮落煤与采空区已垮落煤之间的平衡结构，即煤—煤结构，如图 7 - 12a 所示。随着顶煤放出率的增大，顶煤上表面高度逐渐下降，上位大块顶煤下降，再破碎，导致拱结构上移。直接顶未垮落岩层则与上一放煤循环已垮落矸石挤压形成半拱结构，即岩—矸结构，如图 7 - 12b 所示。当顶煤出现超前垮落时，直接顶岩层也将超前垮落，但直接顶的厚度基本不会改变，如图 7 - 12c 所示。

7.3.2.2　下位基本顶结构的运动过程

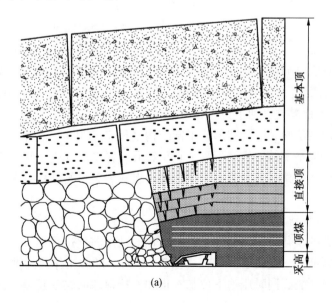

(a)

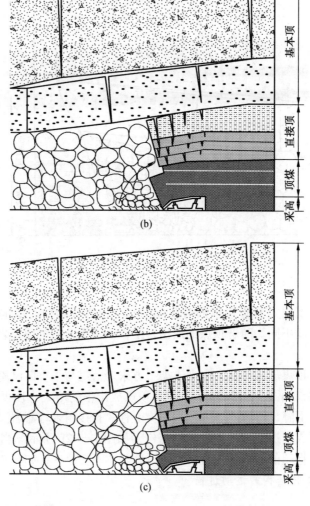

图 7-12　直接顶随顶煤放出的动态演化过程

　　在上位直接顶岩—矸拱结构上方，组成下位基本顶的厚硬岩层超前煤壁缓慢沉降，下位基本顶岩层的已断裂部分与未断裂部分下位基本顶岩层下位基本顶的"岩梁"结构（图 7-13a）。随着顶煤放出和下位直接顶的垮落，上位直接顶岩—矸拱结构上移，组成下位基本顶的厚硬岩层断裂沉降并形成平衡结构（图 7-13b）。随着下位基本顶结构的沉降，下位基本顶岩梁平衡结构失稳下沉，直至触矸（图 7-13c）。下位基本顶的动态演化过程为：超前煤壁的岩梁端部断裂→岩梁沉降→形成岩梁平衡结构→平衡结构失稳→岩梁采空区侧端部触矸。

7.3.2.3　上位基本顶结构的运动过程

　　同下位基本顶的演化过程相似，上位基本顶的动态演化过程如下：超前煤壁的上位基本顶岩梁端部断裂前处于缓慢下沉状态（图 7-14a）；随着工作面的推进，超前煤壁的上位基本顶岩梁端部断裂，同时压迫下位基本顶和直接顶超前煤壁断裂（图 7-14b）；随着

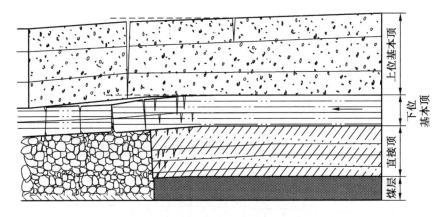

(a) 下位基本顶岩梁端部断裂前的状态

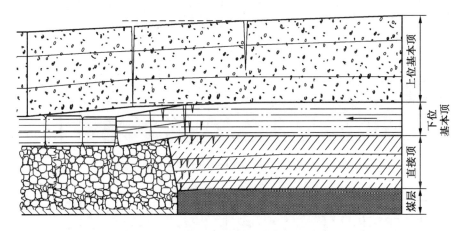

(b) 下位基本顶岩梁形成平衡结构

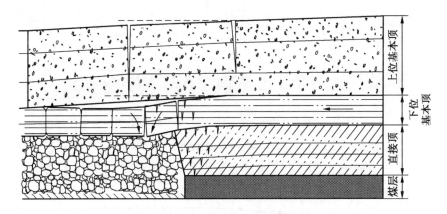

(c) 基本顶岩梁平衡结构失稳沉降并触矸

图 7-13 基本顶结构的动态演化过程

工作面的推进，上位基本顶岩梁形成平衡结构（图7-14c）；上位基本顶岩梁平衡结构失稳沉降，并压迫下位基本顶结构的失稳（图7-14d）；上位基本顶平衡结构失稳沉降，其

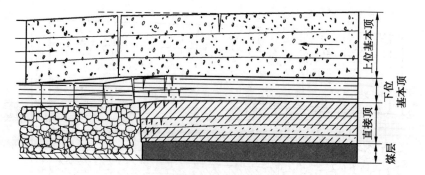

(a) 上位基本顶岩梁断裂前的状态

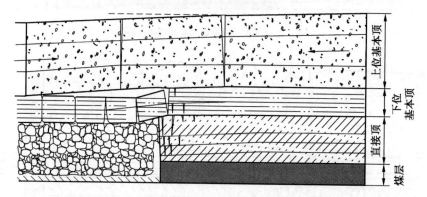

(b) 超前煤壁的上位基本顶岩梁端部断裂(压迫基本顶端部断裂)

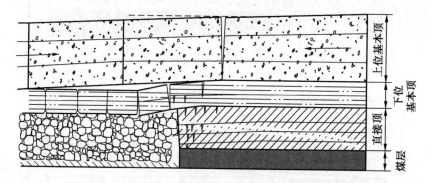

(c) 上位基本顶端部断裂后下沉形成平衡结构

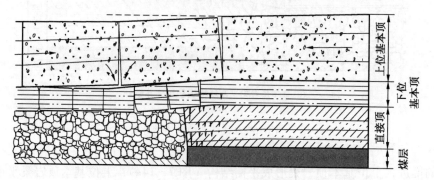

(d) 上位基本顶岩梁平衡结构失稳下沉压迫下部顶板断裂、结构失稳

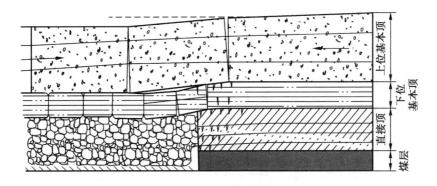

(e) 上位基本顶岩梁端部触矸

图 7-14 上位基本顶结构模型的动态演化过程

采空区侧端部触矸（图 7-14e）。即超前煤壁的上位基本顶岩层端部断裂→上位基本顶岩梁沉降并形成平衡结构→上位基本顶岩梁平衡结构失稳沉降→上位基本顶岩梁采空区侧端部触矸。

7.3.3 综放工作面矿压显现规律

1. 支架工作阻力

在整个监测期间，工作面支架平均压力为 9000～12000 kN/架。当工作面不来压且推进速度为 4.0 m 以上时，循环内活柱下缩量为 10～20 mm；当工作面来压或推进不正常、停产时间长时，机道顶板台阶下沉，支架阻力急增，安全阀开启频繁（每小时 3～6 次），显现为工作面整体来压，来压时基本上是中部先来压，然后向两边扩展；头尾不平行推进时，超前一侧的中部先来压，后向两边扩展。

工作面上方顶板传递岩梁形成的平衡拱的拱脚在距工作面煤壁 20 m 左右。基本顶断裂时的断裂线位置距工作面较近，工作面煤壁前方 10 m 左右是压力高峰区，周期来压影响时间和范围都较小。

2. 工作面煤壁片帮

工作面煤壁局部有片帮，片帮深度 0.2～0.3 m 左右，机道顶板局部破碎或有裂缝。

3. 工作面巷道顶板压力及巷道变形

开采期间 8103 工作面回采巷道总体情况较好，超前支护范围内没有发现较大围岩变形。在超前煤壁 12 m 范围内，煤层裂隙发育，总体来说巷道变形量不大。巷道局部有片帮，范围不大，巷道上边角个别锚索出现较大变形。

7.3.4 走向支承压力分布规律

微震监测结果表明，超前支承压力峰值位于煤壁前方约 75 m 处，该 75 m 范围岩体已破坏，裂隙发育，因而停采后密闭墙与工作面的间距不能小于 75 m，应位于煤体的弹性区（图 7-15）。根据岩石力学理论及煤岩的全应力应变曲线可得，超前支护段范围不能小于 15 m，可取 20～30 m。

根据上述分析，综合密闭位置和终采线距离两者的密切联系，取大巷护巷煤柱宽度为 100 m，密闭墙可于 75～100 m 间构筑。其中，对于密闭墙的结构要进行专门的设计。两边实体煤特厚煤层综放工作面开采过程中，超前影响范围内的巷道围岩的变形与煤层状态

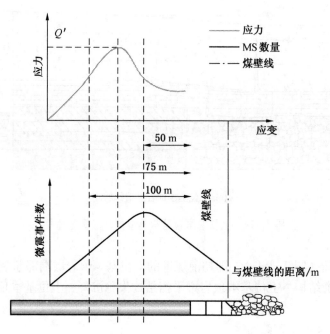

图 7-15 微震事件数量与超前支承压力的关系

与距离工作面煤壁的长度有关，巷道围岩的受力状态不同，所诱发的微地震事件显现规律也不同（表 7-4，图 7-16）。

表 7-4 微震事件揭示的不同位置巷道变形及煤层状态

超前煤壁距离/m	微地震显现	煤层状态	巷道变形
0~15	集中在顶煤和直接顶层位，小事件多	比较破碎，处于塑性状态	锚杆受力和巷道变形很明显
15~75	集中在基本顶的层位，事件能量较大	煤体比较完整，处于弹塑性状态	锚杆受力明显，巷道变形不明显
>75	集中在基本顶以上的层位，事件能量较大	煤体完整，处于弹性状态	锚杆受力和巷道变形均不明显

7.3.5 侧向支承压力分布规律

8103 综放工作面侧向支承压力分布规律如图 7-17 所示。

岩体进入塑性阶段后，回采巷道最优位置满足：巷道处于弹塑性低应力区，周围煤岩体相对完整，避免临空区残煤自燃及杜绝瓦斯溢出通道与巷道连通。根据上述研究，塔山煤矿特厚煤层综放工作面沿空巷道的布置有以下两种方案：

（1）大煤柱方案。优点是巷道煤岩体完整性好，采用的支护方式比较灵活；缺点是丢煤严重，资源采出率低。

（2）小煤柱方案。优点是巷道整体处于低应力区，资源采出率高；缺点是巷道后期回采过程中变形量较大。

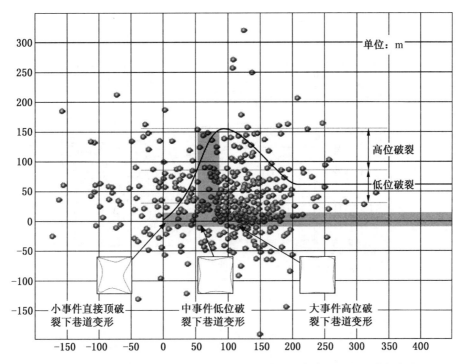

图7-16 不同层位岩层微震事件与巷道应力和形变在垂向上的对应关系

侧向支承压力分布高峰位于35 m处，因此，煤柱宽度必须小于35 m。另外，考虑到塑性区宽度和锚杆支护的需要，煤柱宽度必须大于15 m。因此，可选的宽度在15~35 m之间，即煤体处于弹塑性区域内。综合考虑锚杆支护及通防方面的安全性和可靠性，建议煤柱宽度取20~25 m。

7.3.6 综放工作面高位岩层岩震机理

在塔山煤矿特厚煤层综放工作面的开采过程中，每隔一段时间，当岩层剧烈运动时，在巷道内超前煤壁线百米范围内有煤尘扬起和异常响声；在工作面内表现为支架煤尘扬起和响声，站在工作面内支架下，人的双脚可直接感觉到金属支架传播的震动波，有时还有来回震荡的声响，即"闷墩"。通常表现为围岩的震动和声音的震荡两种形式。

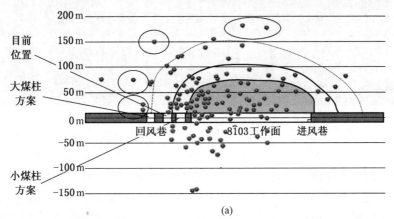

(a)

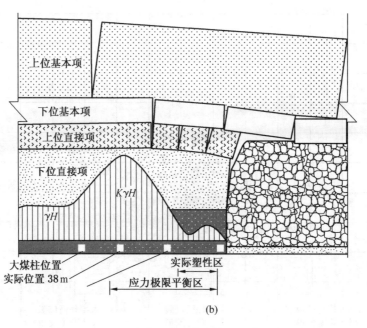

上位基本顶

下位基本顶

上位直接顶

下位直接顶

$K\gamma H$

γH

大煤柱位置
实际位置 38 m

实际塑性区

应力极限平衡区

(b)

图 7-17　8103 综放工作面侧向支承压力分布规律

为了便于理解和阐明"闷墩"产生的机理，以 2007 年 11 月 17 日的微地震事件为例进行展示"闷墩"的波形信息、定位显示和力学机理，如图 7-18 和图 7-19 所示。

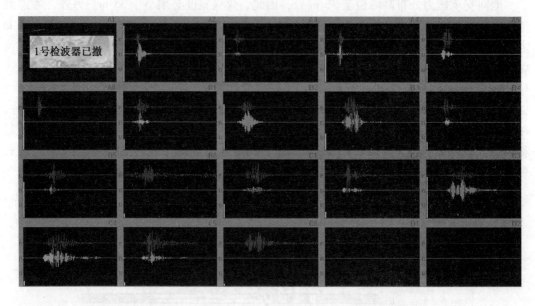

1号检波器已撤

图 7-18　微地震监测的 2007 年 11 月 17 日 6 时 27 分 40 秒的"闷墩"波形

特厚煤层综放工作面高位岩层发生岩震的物理力学机理：煤层采出后，岩层内的应力得到释放，岩层的断裂、高应力下煤岩体的破坏及地质异常区岩层错动，产生微地震波，沿煤岩、工作面周围岩层产生向采空侧的变形、错动、沉降甚至断裂，表现为顶板层向四

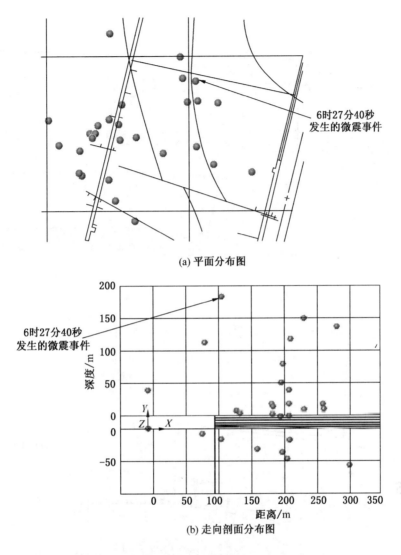

(a) 平面分布图

6时27分40秒
发生的微震事件

(b) 走向剖面分布图

图7-19　2007年11月17日大能量微震事件

周传播。

　　由于开采影响，工作面上覆岩层产生很多离层、裂隙，使得微地震波传播时的路径、传播速度及能量衰减差异性较大。微地震波的部分频带（人的听觉范围）在采空区或巷道空气中传播时能够被人用耳朵直接听到。因此，微地震波经岩层传播到采掘空间的空气中时，人的听觉范围频带的波被岩层或巷帮不断反射，最后直至人耳，形成人耳能够直接听到的异常响声，即"闷墩"（图7-20）。

　　根据微震监测结果和力学理论分析，高位顶板岩层在不同位置（超前或滞后工作面）断裂、超前范围煤岩体三向应力下高压破坏及地质异常区岩层错动，且弹性波通过不同介质和途径传播，造成了动压到达的"时间差"效应，是发生岩震（即"闷墩"）的根本。

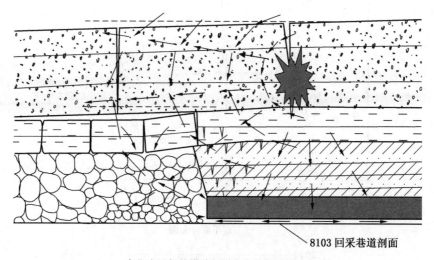

8103 回采巷道剖面

(a) 高位岩层超前煤壁断裂产生的微地震波传播

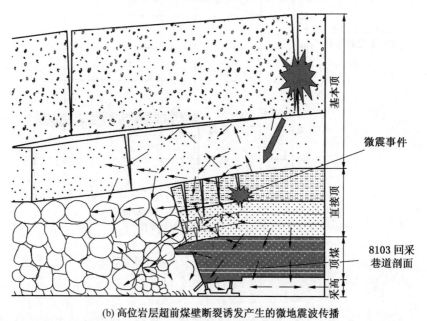

基本顶

微震事件

直接顶

顶煤

采高

8103 回采
巷道剖面

(b) 高位岩层超前煤壁断裂诱发产生的微地震波传播

图 7-20　高位岩层断裂引发的微地震波

8 塔山煤矿通风、防灭火及瓦斯治理技术

8.1 概况

塔山煤矿为低瓦斯矿井，所有煤层中瓦斯含量最高为 3.83 m^3/t，各煤层均处于瓦斯风氧化带。瓦斯含量随深度的增加、变质程度的增高而增大，与煤层构造、顶底板岩性、水文地质条件等因素密切相关。根据煤尘爆炸测试结果，各煤层均存在着煤尘爆炸的危险性，爆炸指数一般为37%左右。塔山煤矿山$_4$煤层属容易自燃煤层；2、8号煤层属不易自燃煤层；3—5号煤层属自燃煤层。井田属地温正常区，无高温热害区。

8.2 矿井通风系统特征及技术

8.2.1 通风方式和通风系统

塔山矿为平硐开拓，生产集中、产量大，为了保证矿井通风系统的安全、稳定，提高矿井的抗灾能力，矿井通风方式选择分区式，通风方法采用抽出式。

矿井目前共有8个井筒，即主、副平硐，盘道进风立井，盘道回风立井，二盘区进风立井，二盘区回风立井，雁崖矿矿区进风立井，雁崖矿回风立井。塔山煤矿目前为一盘区、二盘区、雁崖矿扩区3台主要通风机联合运转的分区式通风系统。矿井现共有5个进风井和3个回风井，5个进风井包括主平硐、副平硐、一盘区进风立井、二盘区进风立井、雁崖矿扩区进风立井进风，3个回风井包括一盘区回风立井、二盘区回风立井、雁崖矿扩区回风立井回风。通风系统如图8-1所示。

矿井总进风量43378 m^3/min，总回风量44163 m^3/min，有效风量41318 m^3/min、有效风量率95.3%，采掘配风量20189 m^3/min、采掘配风率46.5%。全矿井配风合格率达到100%。各采掘工作面及硐室都实现了独立通风，不存在微风、无风区域。各风井通风状况见表8-1。

表8-1 各风井通风状况表

风井名称	风量/($m^3 \cdot min^{-1}$)	服务范围
主平硐	1408	一、二盘区
副平硐	6324	一、二盘区
盘道进风立井	16223	一、二盘区
盘道回风立井	19957	一盘区
二盘区进风立井	9367	二盘区
二盘区回风立井	14066	二盘区

表 8-1（续）

风井名称	风量/(m³·min⁻¹)	服务范围
雁崖矿扩区进风立井	10056	雁崖矿扩区
雁崖矿扩区回风立井	10140	雁崖矿扩区

8.2.2 通风设备

塔山煤矿一盘区主要通风机选用英国豪顿公司的 ANN-3600/2000N 型单极轴流式风机 2 台；二盘区和雁崖矿扩区主要通风机均选用英国豪顿公司的 ANN-3200/1600B 型单极轴流式风机 2 台。3 个盘区主用通风机联合运转工况合理、负压稳定，各盘区风机具体运行参数见表 8-2。

表 8-2 主要通风机运行参数表

风井名称	一风井	二风井	三风井
主要通风机型号	ANN-3600/2000N	ANN-3200/1600B	ANN-3200/1600B
叶片角度/(°)	35	50	47
风机转数/(r·min⁻¹)	745	994	994
电机额定功率/kW	1900	3200	3200
电机实测功率/kW	922	879	704
等积孔/m²	7.8	6.4	4.9
排风量/(m³·min⁻¹)	20161	14233	10292
风压/Pa	2557	1900	1659
最大通风流程/m	11398	6760	11364
外部漏风率/%	1.1	1.2	2.0

8.3 煤层自然发火预防及控制技术

8.3.1 塔山煤矿煤层自燃特性

塔山煤矿各煤层均存在煤尘爆炸危险性，爆炸指数一般为 37% 左右，山$_4$ 号煤层属容易自燃煤层，2、8 号煤层属不易自燃煤层，3—5 号煤层属自燃煤层（表 8-3）。

表 8-3 煤层爆炸性、自燃倾向性鉴定结果

煤层代号	火焰长度/mm	加岩粉量/%	有无爆炸性	着火温度/℃	ΔT	自燃倾向性
山$_4$ 号煤层	14	30	有	353	77	容易自燃
2 号煤层	15	20	有	366	28	不易自燃
3—5 号煤层	44	38	有	356	19	自燃~容易自燃
8 号煤层	70	49	有	358	28	不易自燃

塔山煤矿特厚煤层综放工作面的特点：一是3—5号煤层自燃倾向性属自燃等级，在巷道掘进过程中已经出现过自燃现象；二是煤层厚度大，采放比达到1：4，工作面推进速度慢；三是顶板比较坚硬，不易垮落，形成的采空区空间大，一旦出现大面积冒顶，采空区积聚的大量瓦斯容易被压出，一旦有火源存在，极易发生瓦斯爆炸；四是地面裂缝的封堵；五是密闭的巷道断面大，能否承受大的冲击地压和防治密闭漏风；六是3条主要运输巷道均布置在煤层，既不沿底板，又不沿顶板，设计服务年限长达140年，受采动影响，很容易发生自燃。

塔山煤矿特厚煤层综放工作面火灾防治的难点：一是在抽采空区瓦斯的情况下，采空区的防灭火和抑爆瓦斯爆炸问题；二是所建密闭要能承受采空区大面积垮落形成的冲击地压。

8.3.2 综放工作面煤层自然发火预测预报系统

8.3.2.1 系统概述

塔山煤矿煤层自然发火预测预报选用由北京安菲斯科技发展有限公司和澳大利亚动力科技有限公司共同开发研制的自然发火束管监测系统。束管监测监控系统由气体分析仪、MINEGAS软件、束管、UPS、数据库等组成，主要由地面监控机房、井下抽样系统两大部分组成。气体分析系统包括一个富士电子非分散红外线分析仪以分析甲烷、一氧化碳、二氧化碳气体，一个顺磁式氧气分析仪以分析氧气气体，一个PEAK试验色谱仪以分析氢气气体。气体分析系统还包括一个减湿器和多个过滤器的预调节装置。分析精度为正常分析小于或等于0.1%、微量分析小于或等于1×10^{-7}、误差小于或等于0.1%。系统数据分析部分采用MINEGAS系统软件。

系统能够对已封闭的火区、采空区、高冒区、回采工作面后采空区及其他地点的有害气体进行预测预报。通过计算机控制，自动采样，连续24 h循环监测或人工设定其中的几路进行重点监测，对每一路的一氧化碳、甲烷、二氧化碳、氧气、氮气、氢气、乙烯、乙烷、乙炔、丙烷、丁烷等气体进行分析，及时准确地进行自燃火灾预报并对发火危险性进行判别，任一路的任意一种气体浓度超过定义浓度，能自动进行报警；系统分析精度达到（$-1 \sim +1$）$\times 10^{-6}$；可自动输出每路束管气体的分析结果；监测数据以日报、月报和趋势曲线的形式显示或打印；对系统故障自动进行诊断并能自动解除对故障台的监测；地面色谱束管火灾监测系统（图8-2）接入塔山煤矿的矿井综合自动化系统，实现数据信息共享。

图8-2　地面束管监测系统

8.3.2.2 采空区测点的设置

1. 日常束管监测测点

设置4个日常监测束管测点，日常测点随工作面推进向前移动，位置相对保持不变，束管取气口位置均应设在测点靠近顶板部位。具体布置方式为在工作面推进前方10 m的进回风巷中分别布置①、②测点；在上下隅角分别布置③、④测点（图8-3）。

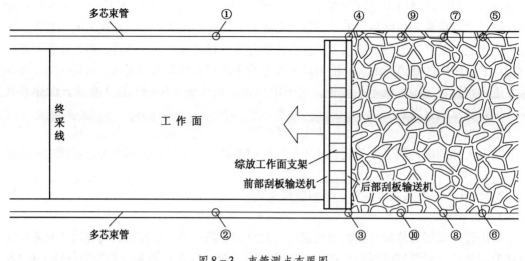

图8-3 束管测点布置图

2. 采空区自燃"三带"监测测点

采空区自燃"三带"监测测点设置在采空区内踏步埋设的两趟注氮管路出口之间（或距离注氮管路出口位置25 m），束管埋设方式和注氮管路类似，采用踏步式埋设，埋设时加DN75以上直径的钢管作为套管。

分别在进回风巷内沿底板向采空区各埋设一趟束管，测点编号⑤、⑥，当埋入采空区75 m后，再埋第二趟束管，测点编号⑦、⑧；当第二趟束管埋入采空区75 m后，再埋入第三趟束管，测点编号⑨、⑩；以此类推循环埋入测点，直到采空区自燃"三带"考察完成。在距离终采线位置250 m开始，重新埋设采空区监测束管。在必要的情况下，采空区埋管监测一直持续到采完为止。

以上测点一旦进入采空区后即开始取气分析，直至测点取样分析结果表明该位置已经进入窒熄带，或因为管路被砸断等原因导致分析数据无意义为止。

3. 测点位置取样头和保护措施

埋入采空区的束管取样头处应注意与套管密封连接，附近应用大块矸石或木垛防护，以防止浮煤、水、泥浆堵管和抽取到套管内气体。

取样头段的套管为DN38钢管，前端封口并在前端0.5 m长范围周边钻6~9个直径为5 mm的透气小孔（图8-4）。

4. 套管

为了节约成本，埋入采空区钢管可采用钢管加设方式，公用段内同时设3根单芯束管，在相应部位设置三通，外接采样取气头（图8-5）。

8.3.2.3 自燃"三带"束管监测数据分析

8102综放工作面采空区束管监测共布置有4个测点：1号点监测上隅角气体情况，2号点监测5102侧采空区气体情况，3号点监测2102侧采空区气体情况，31号点监测束管机房气体情况。

（1）1号点监测上隅角气体情况。根据如图8-6所示的1号测点监测数据分析，上

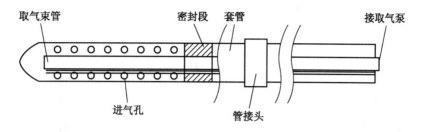

图 8-4 取样头示意图

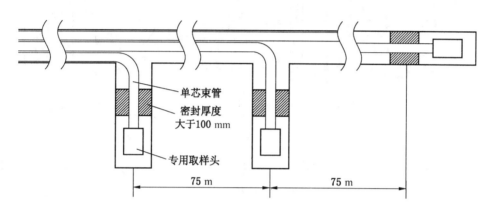

图 8-5 套管布置示意图

隅角监测的一氧化碳浓度基本上呈现稳定的趋势，与通风区监测的数据基本一致，证明束管监测系统抽气分析监测效果良好。

（2）2 号束管监测用于监测 5102 侧采空区气体情况。根据如图 8-7 所示的回风侧采空区测点束管监测数据分析，随着束管埋入采空区的距离逐渐增大，一氧化碳浓度呈现逐渐稳定的缓慢增大态势，测点的一氧化碳浓度一直在保持在 $(80 \sim 110) \times 10^{-6}$ 之间，表明采空区的煤缓慢氧化已经稳定。2008 年 1 月 13 日，2 号束管测点氧气浓度已经降低到 8% 以下，对应的 5102 侧束管埋设点和工作面距离为 163 m。塔山煤矿 8102 综放工作面窒熄带氧气划分按照 8% 的标准执行，即在采空区注氮的情况下，采空区内回风侧氧化带实测得到的最大宽度为 163 m。该检测结果和回风侧氧化带宽度分析结论将作为指导今后综放工作面在注氮和异常停产情况下各项防火措施的实施和临时方案制订的依据。

根据采空区 2 号束管测点监测情况，综放工作面后方 10 m 以外的采空区内一氧化碳浓度保持在 $(80 \sim 120) \times 10^{-6}$ 之间，由于采空区漏风风量约为工作面风量的 10%，监测结果表明综放工作面采空区内遗煤氧化过程是比较平稳的，目前所采取的注氮为主、加强堵漏风的防火措施能够实现有效防火的目的。

（3）束管监测 3 号测点用于监测 2102 侧采空区气体情况。根据如图 8-8 所示的采空区进风侧测点监测数据分析，从 2008 年 11 月 23 日到 12 月 14 日，3 号测点监测到的氧气浓度持续保持在 20% 以上，一氧化碳浓度基本保持在 $0 \sim 5 \times 10^{-6}$ 之间，说明进风侧漏风风速相对比较大，散热带宽度比回风侧更大一些，浮煤氧化没有良好的蓄热条件，氧化生

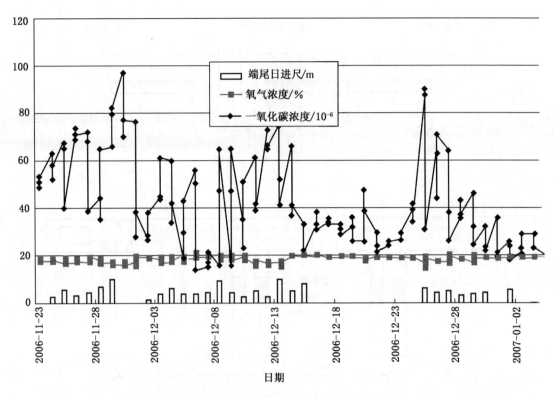

图 8-6　1 号束管测点监测上隅角氧气浓度变化情况

产出的一氧化碳量极少。

（4）束管监测系统 31 号点用于监测地面束管机房的气体变化情况，进行对比分析。从 31 号测点的监测数据来看，束管监测系统的分析结果正常。

8.3.3　综放工作面煤层自然发火控制技术

8.3.3.1　注氮防灭火系统

依据国内外应用氮气防灭火的经验，结合塔山煤矿 8102 综放工作面的开采条件，确定防灭火注氮流量为 3000 m³/h。每当增加 1 个综放工作面时，则应增加 1000 m³/h 的制氮能力，以 4000 m³/h 的制氮能力来确保全矿 3 个综放工作面日常防灭火的需要。

根据矿井防火注氮流量，为便于制氮厂房的修建，选取地面固定式变压吸附碳分子筛制氮设备，3 套同等制氮流量的制氮设备，制氮总能力为 3000 m³/h，其中 2 套运行，1 套备用。同时塔山煤矿煤层顶板坚硬，采空区范围和空间大，一旦出现火灾隐患或外因火灾，3 套同时运行，为确保 8102 综放工作面火灾防治提供充足的氮气源。

制氮厂房建设在盘道进风井口附近，将 4 套制氮设备安放其内，采用 φ200 mm 无缝钢管入盘道进风立井—盘道进风联巷—1070 回风巷—8102 工作面进回风巷口（长度约为 1260 m），管路经变径到 φ150 mm 分别进入 8102 进回风巷距工作面约为 150 m，接到泡沫发生器上，然后将管路埋入采空区氧化带，进行埋管注氮（长度约为 1740 m）。主输氮管路由管径为 200 mm 的无缝钢管制作，支管路为 φ150 mm 无缝钢管，输送距离为 3000 m。制氮设备供氮压力为 0.6 MPa。

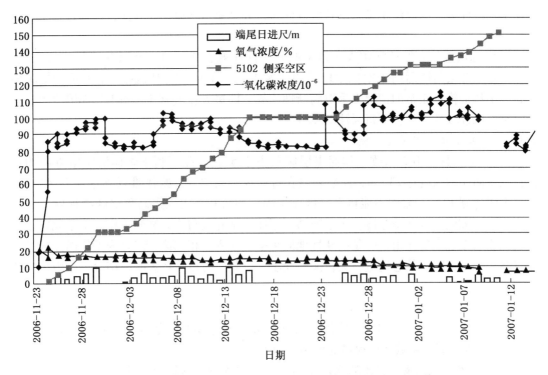

图 8-7　2 号束管测点监测氧气和一氧化碳浓度随推进进尺变化情况

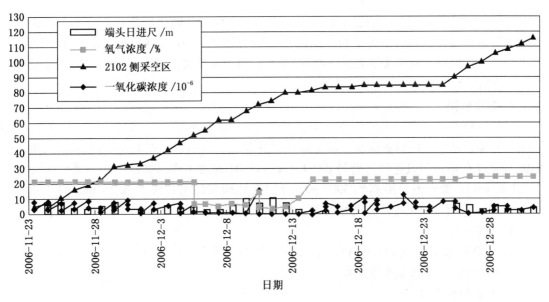

图 8-8　3 号束管测点监测氧气浓度随推进进尺变化情况

采空区防火注氮采用埋管注氮工艺。在 8102 综放工作面的进风侧沿采空区埋设一趟注氮管路。当埋入一定深度后开始注氮，同时又埋入第二趟注氮管路（注氮管口的移动步距通过"三带"考察确定）。当第二趟注氮管口埋入采空区氧化带与冷却带的交界部位时向采空区注氮,同时停止第一趟管路的注氮,并又重新埋设注氮管路,循环直至工作面采完为止。

8102 综放工作面的日常防火注氮采取开放性注氮方式和向进回风巷埋管注氮工艺。工作面停采撤架封闭后向采空区采取封闭注氮工艺。注氮方式根据对火情的预测情况而定,当工作面推进正常的情况下采取间断性注氮,即每天注氮 16 h,当工作面因故推进度慢时则采取连续性注氮,即每天注氮 24 h。

8.3.3.2 黄泥灌浆防灭火系统

由于塔山煤矿 8102 综放工作面煤层倾角小于 5°,因此不利于浆体沿倾斜方向的扩散;工作面倾斜长度达 230 m,注浆管口在进回风侧采空区,浆体难以到达采空区中部。采高平均达到 17 m,浆体不能将采空区充填满,预防和扑灭大采高采空区高顶处的火源点难度大。大同矿区冬季寒冷,水土冻结,不能正常开展防灭火灌浆工作。鉴于此,建立的黄泥灌浆系统主要作用,一是间断性地向采空区注入三相泡沫;二是为工作面停采撤架后对终采线及密闭内的巷道进行大量灌浆充填;三是作为抢险救灾时,结合三相泡沫快速处理火灾。

1. 主要注浆参数

(1) 灌浆系数(K)。对于煤层倾角小的煤层,灌浆系数一般为 1.5% ~ 3% ,塔山煤矿为 2% 。灭火灌浆系数视灭火情况可相应加大。

(2) 土水比。泥浆土水比的确定相当重要,因为它直接影响灌浆的质量与效果。随着煤层倾角、注浆方式、处理对象、注浆季节、输浆管线的不同对它应作相应的改变,采空区注浆通常为 1:2 ~ 1:5,塔山煤矿为 1:4。

(3) 矿井灌浆量。针对综放工作面采高大、工作面长、倾角小的特点,结合三相泡沫所需灌浆量的要求,塔山煤矿制浆站的制浆能力设计为 60 m³/h。按土水比 1:4 计,每个综放工作面每小时注浆量为 30 m³,每天所需黄土或粉煤灰量为 180 m³,每天灌浆能力为 720 m³。

2. 输浆管路

输氮管路的管材选用无缝钢管;主管路管径选 ϕ159 mm,支管路管径选 ϕ108 mm。输浆管路铺设路线为地面制浆池→盘道进风立井井底→盘道进风联巷→1070 m 回风巷→8102 综放工作面进回风巷口(管径 ϕ159 mm)→8102 综放工作面进回风巷→采空区(管径 ϕ108 mm)。管路铺设距离约 3000 m。分别在地面浆池出口设置 ϕ159 mm 阀门和在8102 综放工作面进回风巷口分叉处设置 ϕ108 mm 阀门和三通。

3. 注浆方法

对 8102 回采工作面进回风侧采空区采用交替埋管灌浆,错距约为 40 m;停采撤架后终采线及密闭内巷道采取埋管注浆。

4. 水池与制浆池

为保证制浆系统的用水量,在盘道进风立井口附近修建 200 m³ 圆形蓄水池。制浆池长 10 m,宽 5.0 m,深 2.0 m,容积 100 m³。制浆厂房长 20 m,宽 9.0 m,高 5.0 m。

注黄泥(粉煤灰)胶体工艺如图 8-9 所示。

8.3.3.3 三相泡沫防灭火系统

1. 主要技术参数

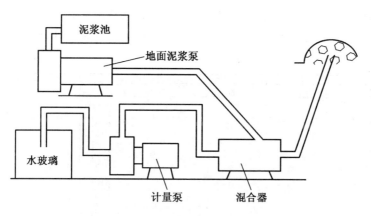

图8-9 注黄泥（粉煤灰）胶体工艺

发泡倍数大于30倍，稳定时间高于12 h；水灰比（质量比）为2∶1~4∶1；耗浆量20 m³/h；制氮机或压缩空气的气量应该不小于600 m³/h，发泡器进气口压力应不小于0.3 MPa；三相泡沫产生量600 m³/h；发泡剂使用的比例0.2%~0.5%；每次连续不间断灌注36 h。

2. 三相泡沫灌注方案

塔山煤矿煤层倾角小于5°，采空区预防性灌注三相泡沫时，采用在进、回风巷预埋管同时注三相泡沫工艺（图8-10）。发泡器安装在回风巷与进风巷中，随着工作面的推进不断前移。

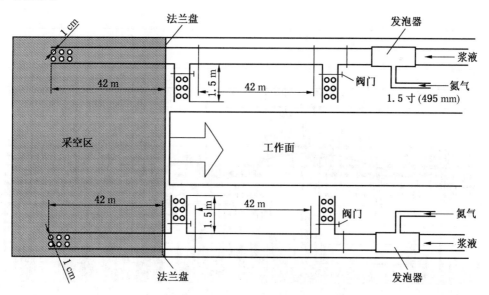

图8-10 塔山煤矿三相泡沫管路布置图

正常情况下工作面每推进40 m后就开始连续注三相泡沫，进、回风巷连续注36 h后停止。等工作面再推进40 m后又开始连续注三相泡沫，如此循环。工作面不能正常推进时需要加强灌注，直到上下隅角出现三相泡沫为止。工作面停采后在终采线附近加强灌注力度，其终采线三相泡沫管路布置如图 8-11 所示；要求终采线处三通长度 80 m，每隔 40 m 随机打 20 个左右孔径为 1 cm 的小孔。如采空区出现异常立即进行灌注。

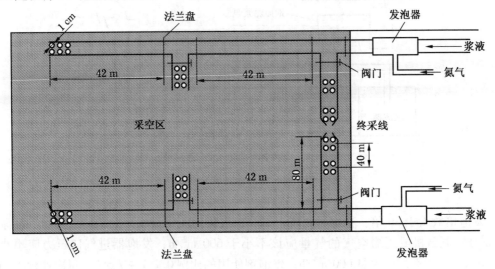

图 8-11　塔山煤矿终采线三相泡沫管路布置图

塔山煤矿集煤层自然发火预测预报、注氮和氮气泡沫（三相泡沫）、注浆、堵漏、密闭材料及工艺技术和相应的管理制度等为一体的综合防治技术体系，确保了易燃特厚煤层高产高效开采。

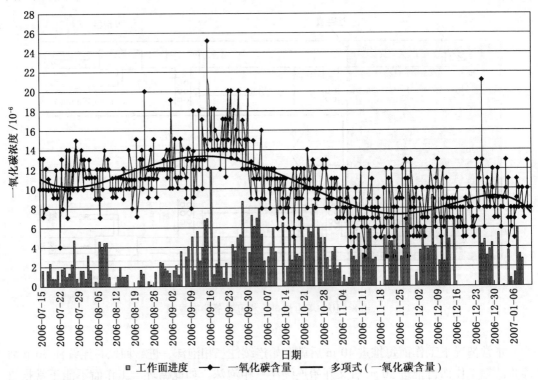

图 8-12　8102 综放工作面回风一氧化碳变化趋势图（2006 年 7 月 15—2007 年 1 月 12 日）

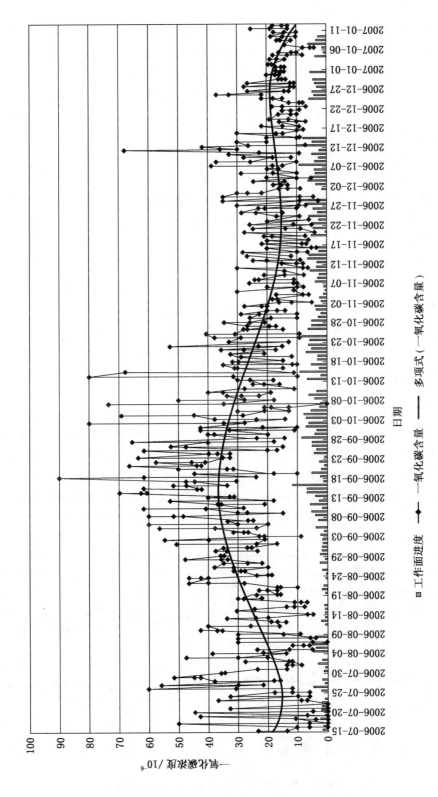

图 8-13 8102 综放工作面上隅角一氧化碳变化趋势图（2006 年 7 月 15—2007 年 1 月 12 日）

8.3.4　综放工作面防灭火技术

和国内其他综放工作面相比，塔山煤矿首采8102综放工作面开采煤层厚度大、工作面长、通风量大，采空区自燃"三带"中氧化带的走向宽度大，处于氧化带内参与氧化的煤量多。因此，防治煤层自燃、保障安全开采工作非常重要。

工作面开采过程中，2006年7月15日开始在回风流中检测到一氧化碳。

8102综放工作面回风一氧化碳变化趋势和8102综放工作面上隅角一氧化碳变化趋势如图8-12和图8-13所示。

从图8-12和图8-13可以看出：

（1）一氧化碳检测浓度的变化趋势总体上都经历了一个浓度逐步上升到平稳下降的过程。开切眼未放的大量破碎顶煤进入氧化带后缓慢氧化，造成了回采初期工作面回风流中和上隅角检测到一氧化碳，并出现持续上升现象，开切眼推出氧化带后，综放工作面的一氧化碳浓度出现一个平稳下降的过程。

（2）根据采空区自燃"三带"理论，将综放工作面在回风流中最早检测到一氧化碳时，进风侧和回风侧的推进度分别作为进、回风侧的散热带的最大宽度，即进风侧为56 m，回风侧为60 m。

根据分析结果，明确提出了8102综放工作面加强以注氮为主的防火措施和加强堵漏风的技术要求。每天两台制氮机全天24 h同时向采空区注氮。

8.4　瓦斯防治技术

8.4.1　特厚煤层综放瓦斯治理

塔山煤矿3—5号煤层属特厚煤层，采放比大，开采过程中采空区瓦斯涌出、工作面上隅角瓦斯超限等成为制约煤矿安全生产的主要问题。因此，必须对采空区瓦斯进行治理，保证矿井安全生产。通过井下及实验室对3—5号煤层的瓦斯基本参数测定和分析，研究工作面瓦斯来源并结合矿井实际情况，制定出了在工作面分区域实施本层预抽、边采边抽、高位钻孔抽放、采空区插管抽放等相结合的综合瓦斯抽放方案。8102工作面瓦斯与产量统计如图8-14、图8-15和表8-4所示。

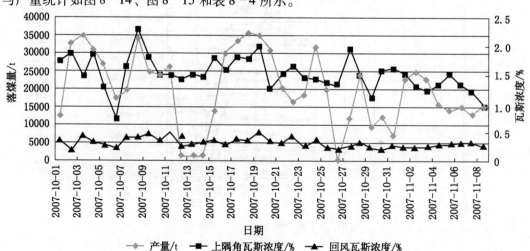

图8-14　8102工作面产量、回风及上隅角瓦斯浓度分布曲线

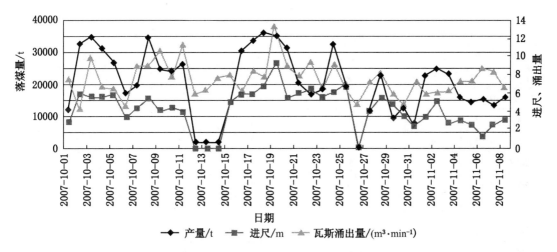

图8-15 8102工作面产量、推进度、回风瓦斯涌出分布曲线

表8-4 8102工作面瓦斯与产量统计表

时　　间	产量/t	上隅角瓦斯浓度/%	回风瓦斯浓度/%	进尺/m	瓦斯涌出量/(m³·min⁻¹)
2007－10－01	12386	1.82	0.35	2.85	8.9
2007－10－02	32818	1.9	0.2	6.15	4.5
2007－10－03	34883	1.48	0.44	5.6	9.9
2007－10－04	31146	1.85	0.3	5.5	6.85
2007－10－05	26618	1.32	0.28	6	6.3
2007－10－06	18250	0.86	0.22	3.2	4.95
2007－10－07	19468	1.64	0.4	4.3	9
2007－10－08	34388	2.3	0.4	5.6	9
2007－10－09	24860	1.82	0.48	4	10.6
2007－10－10	23862	1.5	0.36	4.5	8.1
2007－10－11	26235	1.5	0.5	4	11.3
2007－10－12	1500	1.42	0.26	0	5.9
2007－10－13	1600	1.5	0.28	0	6.3
2007－10－14	1560	1.46	0.34	0	8.65
2007－10－15	14013	1.8	0.36	5	8.1
2007－10－16	30044	1.6	0.28	6	6.3
2007－10－17	33530	1.8	0.38	6	8.6
2007－10－18	35862	1.88	0.35	6.8	8.9
2007－10－19	34926	2.0	0.5	9.4	13.2
2007－10－20	31000	1.26	0.34	5.5	9

表 8-4 (续)

时　间	产量/t	上隅角瓦斯浓度/%	回风瓦斯浓度/%	进尺/m	瓦斯涌出量/(m³·min⁻¹)
2007-10-21	20319	1.52	0.3	6	8.9
2007-10-22	16533	1.66	0.44	6.35	9.2
2007-10-23	18190	1.46	0.24	5.5	6.3
2007-10-24	32018	1.43	0.35	6.1	9.2
2007-10-25	19988	1.38	0.24	8	6.3
2007-10-26	0	1.32	0.19	0	5
2007-10-27	11806	1.96	0.28	3.85	8.1
2007-10-28	23090	1.5	0.32	5.5	8.4
2007-10-29	9282	1.1	0.22	5	5.8
2007-10-30	12582	1.58	0.19	3.4	5
2007-10-31	6884	1.6	0.28	2.2	8.1
2007-11-01	22886	1.52	0.24	3.45	5.94
2007-11-02	24661	1.3	0.25	4.95	6.19
2007-11-03	22899	1.22	0.25	2.5	6.19
2007-11-04	15808	1.31	0.29	3.05	8.18
2007-11-05	13921	1.5	0.28	2.45	8.38
2007-11-06	15000	1.32	0.34	1.15	8.96
2007-11-07	13002	1.21	0.32	2.35	8.43
2007-11-08	15500	0.98	0.26	3	6.85

从表 8-4 可以看出:

当工作面产量为 6884～35862 t 时, 上隅角瓦斯浓度为 0.98%～2.3%, 工作面回风流瓦斯浓度为 0.2%～0.5%, 工作面的瓦斯涌出量为 4.5～13.2 m³/min。当工作面产量大于 25000 t 时, 工作面上隅角瓦斯浓度将超过 1.5%。总之, 工作面瓦斯涌出不超限, 但上隅角瓦斯涌出存在超限问题。

根据瓦斯涌出量预测结果分析, 塔山煤矿工作面瓦斯主要来源于开采和邻近层 (含围岩), 其中工作面煤壁、割煤瓦斯涌出量占工作面总瓦斯涌出量的 18%, 采空区瓦斯涌出量 (含邻近层、围岩和放煤涌出的瓦斯) 占工作面总瓦斯涌出量的 82%。以 8103 综放工作面为例, 8103 工作面相对瓦斯涌出量并不高, 且在整个回采过程中保持相对稳定。造成工作面瓦斯超限的主要原因是高强度回采导致的工作面绝对瓦斯涌出量过大, 以及放顶煤工艺造成采空区扰动致使瓦斯逸出到工作面。8103 工作面从 2007 年 9 月 1 日开始回采, 初期绝对瓦斯涌出量在 5 m³/min 左右。随着工作面推进, 绝对瓦斯涌出量逐渐增大, 到 2008 年 3 月, 工作面推进到 1200 m 左右时, 已达到 40 m³/min 左右, 并随着工作面推进逐渐增大。

为降低上隅角和回风流的瓦斯体积分数, 工作面配风量从 2200 m³/min 一直增加到

$3400 \text{ m}^3/\text{min}$，超限问题依然存在。究其原因主要在于风排瓦斯只能排放工作面煤壁、割煤涌出的瓦斯，而对采空区瓦斯逸出到工作面的情况没有明显效果。

8.4.2 特厚煤层综放工作面瓦斯治理技术

为解决工作面瓦斯超限问题，塔山矿投入大量人力物力，与科研院所合作研究并借鉴国内成功的工作面瓦斯治理技术，在现场实践中不断总结摸索，最终形成了自己的一套工作面瓦斯综合治理技术体系。具体来说就是以工作面顶板高抽巷封闭抽采为主，以上隅角构筑封堵墙、风幛引导风流稀释、上隅角埋管强化抽放等方法为辅的综合体系。

8.4.2.1 顶板高位瓦斯抽采巷瓦斯治理技术

1. 顶板回风巷位置的确定

通过对工作面地质条件的分析研究，结合现场实际经验，决定 8103 顶板回风巷沿 2 号煤底板布置，与 5103 巷内错 20 m，距 5103 巷顶板 20 m，这个位置正处在采空区垮落带上部的裂隙带，这既能保证巷道断面积能够维持的较好，同时顶板回风巷风量大小不受采空区垮落煤和岩石堆积疏密程度限制，同时保证采空区及周边破裂煤体释放的瓦斯比较容易进入顶板回风巷，同时抽排风能够通过调整抽放泵抽放量实现控制。顶板回风巷具体位置如图 8-16 所示。

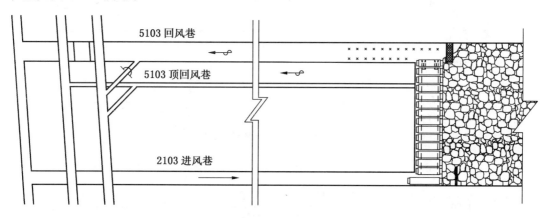

图 8-16 顶板回风巷位置平面示意图

2. 顶板回风巷抽排瓦斯效果分析

8103 工作面回风巷与工作面导通后，采用 2 台 2BEC62 型泵进行瓦斯抽放。根据观测记录，工作面各观测点、上隅角、回风巷内的瓦斯浓度基本稳定在 0.5% 以下，效果明显，工作面瓦斯超限问题得到基本解决。图 8-17 所示显示了上隅角、回风流中瓦斯浓度的变化曲线。

3. 顶板回风巷高瓦斯浓度解决方案

通过加大抽排量的方法解决回风巷内瓦斯浓度超限的问题。在增加抽排量时要结合综采工作面配风量与采空区自然发火情况综合考虑，以最终彻底解决工作面瓦斯隐患。

以 8202 顶板回风巷为例。8202 工作面顶板回风巷贯通后，由通风区对 8202 工作面供风量重新进行了核定调整，以保证在抽排量增加的情况下工作面风量依然满足要求。图 8-18 所示显示了 6 月 1 号到 6 月 13 号工作面进回风量，图 8-19 所示显示了 6 月 7 号到 6 月 13 号顶板回风巷贯通后抽排量的变化。

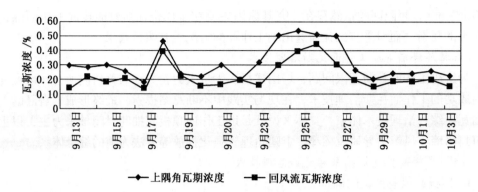

图 8-17　工作面顶板回风巷贯通后一段时期上隅角、回风流中瓦斯浓度变化曲线

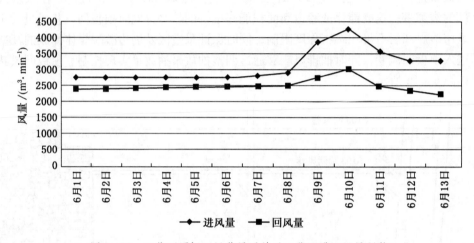

图 8-18　工作面顶板回风巷贯通前后工作面进回风量调整

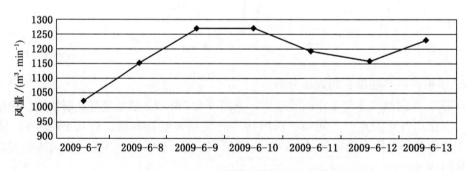

图 8-19　顶板回风巷贯通后巷道内风量的变化情况

　　由图 8-18、图 8-19 所示的曲线可以看出，贯通前工作面进风保持在 2750 m³/min，贯通后进风量调整到 3500 m³/min 左右，顶板回风巷稳定后抽排量达到 1200 m³/min 左右，而回风量在贯通前后并未有明显变化，说明风量调整后，在保证抽排量增加的情况下工作面风量依然满足要求。

　　在增加抽排量时要综合考虑工作面采空区自燃发火情况，因为抽排量的增加必然导致采空区风流量增加，为煤体自燃发火创造条件。图8-20显示了8202工作面顶板回风巷贯通后巷道内一氧化碳气体浓度变化。

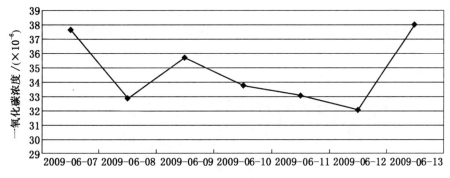

图8-20　8202顶板回风巷贯通后抽排一氧化碳浓度变化情况

由图中曲线可以看出，贯通后抽排的一氧化碳浓度稳定在 $(32～38) \times 10^{-6}$ 间，这说明抽排量增大至 $1200 \ m^3/min$ 时对采空去煤体自燃并未造成显著影响。

8.4.2.2　其他瓦斯治理技术

以8206综放工作面为例，在顶板高抽巷与工作面贯通前，针对工作面上隅角、后溜尾瓦斯超限的程度不同，分别采用以下手段进行解决。

（1）工作面开采初期，上隅角、后溜尾瓦斯浓度若达到0.8%～1.0%之间，在回风端头每隔5 m构筑一道封堵墙、在进风端头每隔20 m构筑一道封堵墙，改变上隅角风流流场，使风流进入采空区深度减小，从而降低风流从采空区带出的瓦斯量。

封堵墙必须从煤帮构筑到后溜尾处，保证将尾端头封堵严实。每道封堵墙厚度为1.8 m，构筑时每码放一层粉煤灰袋铺洒粉煤灰固化材料（甲乙料），封堵裂隙、接顶，待粉煤灰墙构筑完毕后，用粉煤灰固化材料（甲乙料）对墙体进行抹面，确保墙体严密不漏风。墙体规格按巷道断面规格确定。具体情况如图8-21所示。

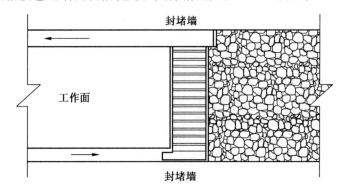

图8-21　工作面封堵墙示意图

（2）工作面上隅角、回风巷及后溜尾瓦斯体积分数在1.0%～1.4%之间时，采用吊挂风幛的方法解决瓦斯超限。在工作面靠回风巷布设"L"型风幛，超前工作面40 m，同时在超前支柱末端构筑两道风门，使回风巷变为"一巷两道"，通过风幛与外侧煤壁形成的回风通道，将采空区异常涌出的瓦斯流通过回风通道排到回风巷。另外，在工作面尾部支架间吊挂风幛，迫使大部分风流从后溜尾进入回风巷。风幛距外侧煤壁 1.8 m，具体情况如图 8-22。

（3）若工作面回风巷布设"L"型风幛，不能使上隅角、后溜尾瓦斯浓度降低到 1.0% 以下，工作面立即采取尾端头构筑封堵，并在构筑封堵墙期间预埋两趟瓦斯抽放管路进行上隅角采空区强化抽放，具体情况如图 8-22 所示。

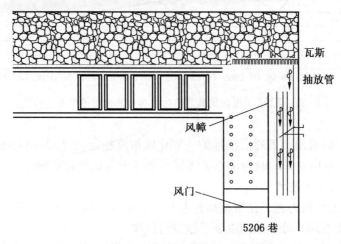

图 8-22　8206 工作面风幛布置示意图

9 塔山煤矿生产综合自动化监测监控技术

9.1 系统说明

9.1.1 概述

随着煤矿安全生产新技术的不断推广应用和管理水平的不断提高，矿井安全生产综合监控已由过去单一的面向生产过程中某一环节转向将整个生产过程作为一个整体来考虑，形成全生产过程的综合监控。综合自动化系统既需要解决系统不兼容问题，又要分析各个子系统信息之间的关联，为安全科学生产提供决策依据。

塔山煤矿自动化系统使用霍尼韦尔公司的 Experion PKS 系统的冗余服务器，实现自动化监控中心的信息集中管理的功能。分站的各个控制系统以各种方式将分站信息传送到监控中心的服务器上，在监控中心实现对矿井环境、设备和人员安全实时监控及保护，第三方子系统的矿井生产实时监测，实现报警、历史数据储存及分析，展现趋势、事件和生产报表等功能。矿井环境安全监测及生产监控系统的优异性能与高可靠性，使其系统可使用率达到 99.7% 以上。

9.1.2 Experion PKS 解决方案

一套良好的中央监控系统平台，是集数据通信、处理、采集、控制、协调、综合智能判断、图文显示为一体的综合数据应用软件系统，能在各种情况下准确、可靠、迅捷地作出反应，及时处理，协调各系统工作，达到实时、合理监控的目的。Honeywell 设计开发的监控一体化指挥平台具有集中管理、分散控制、监控全面、使用方便的特点，并要基于先进的平台软件技术开发，从技术、设计、开发、维护等各个方面保证系统的先进性，正是一套符合现代煤矿生产集中控制的软件系统。

Honeywell 中央监控系统平台 Experion PKS，在中央监控管理上从真正意义上实现了系统的高度集成，它包括了 CCTV 视频监控系统、安全生产设备监控系统、环境监测系统、紧急电话系统、大屏幕显示系统、电力监控系统、选煤厂系统、报表系统及联动预案调度系统的支持。各个相互独立的子系统，通过 Honeywell 的 Experion PKS 系统所独有的FTE 框架技术，被有机地整合在一起，所有的监控管理操作，都可在一台工作站上完成，这摆脱了以往其他煤炭采集管理系统中各子系统中独成一体的、需要分别操作控制的模式，管理人员不必再在各个子系统控制主机间来回奔波，这大大提高了工作效率，降低了劳动强度和设备故障率，减少了人员编制，提高了设备利用率，降低了运营成本。

9.1.3 系统配置说明

塔山煤矿所配置的 Experion PKS 矿井自动化平台 PKS 控制系统主要包括四大部分：中央控制室部分、现场控制站部分、系统通信网络部分和 PKS 系统的对外通信接口。

1. 中央控制室部分

在中央控制室设置 5 台操作员站、2 台高性能冗余服务器可兼作工程师站、1 台 SCA-

DA OPC 服务器、2 台报警打印机、2 台激光打印机实现报警和报表打印、1 台 ESERVER 服务器用于给信息管理系统上传数据、20 台信息管理层高级接入 PC 用于客户的远程只读操作、2 台 DVM 服务器和 1 台视频存储服务器用于实现视频报警联动、1 台防火墙用于实现信息管理层与综合自动化层的网络安全。所有网络节点和 C200 控制器采用霍尼韦尔独有的 100 Mb/s 高速冗余容错工业以太网连接。

2. 现场控制站部分

采用 Honeywell 的高性能 C200 混合控制器和基于 Z－Bus 总线的 ZM51 系列控制器，基于 FTE 网络的 C200 作为区域控制器采集各个子系统信息路由到中央控制室的服务器，实现对矿井各子系统的通信路由接入和数据管理。ZM51 系列控制器实现通过现场 I/O 采集现场的环境参数和安全连锁，实现对生产安全环境的监控。

3. 系统通信网络部分

为确保系统安全稳定地运行，根据操作安全第一的原则，系统合理地把通信网络分为信息管理层和综合自动化层，综合自动化层网络又分为监控管理层、现场控制层、I/O 设备层。信息管理层为 10/100/1000M FTE 以太网，综合自动化层中监控管理层为 10/100M FTE 以太网，现场控制层为 10/100M FTE 以太网，I/O 设备层为 93.75b/s FSK 或者 19.2/4.8Kb/s Z－busFSK。

4. 主要功能特点

1）视频监测和报警联动

矿井监控管理层根据需要调用矿井数字视频管理 DVM 工业电视系统的视频信号，实现与矿井数字视频管理 DVM 工业电视系统的无缝连接。数字视频管理 DVM 工业电视系统将视频数据处理后送入矿井综合自动化系统的服务器，使综合自动化实现与数字视频管理 DVM 工业电视系统的视频互动。在自动化监控平台上，调度员不仅可以查看传统的监测数据和组态画面，控制设备运行，而且可以查看历史监测工业闭路电视视频图像，调节摄像头参数，并可录制、回放视频图像；当某一报警发生时，可自动或手动触发报警显示现场报警设备的视频图像，实现全矿井综合自动化与数字视频管理 DVM 工业电视系统的视频监测和报警联动系统。

2）系统平台的开放性

软件平台采用前沿开放性技术，即硬件和软件的开放性。如 Windows 2000、以太网、ODBC、AdvanceDDE、VB 和过程控制的 OLE（OPC），以及基于标准 Intel 处理器的高性能计算机硬件等，为用户提供经济的、使用方便的、功能完善的系统。保证用户能完全透明地访问现场控制层控制器数据库。平台还可集成其他产品和大量第三方设备，以保护用户的投资和系统的扩容，以及今后新系统的接入。

3）与 CCTV 工业电视的结合

监控管理层实现与矿井 CCTV 工业电视实现无缝连接，在监控平台上，不仅可以查看传统的监测数据，控制设备运行，而且可以实时监测工业闭路电视视频图像，调节摄像头参数，录制、回放视频图像；当某一设备报警时，可自动报警显示现场报警设备的视频图像，为矿井的安全生产与检修提供有力支持，提高矿井工效。

4）实时参数监测

各监控系统实时采集生产工况参数，可以采用图形、报表的形式显示系统的实时工况及目前产量、仓储等，并可召唤打印，以便于报表分析。

5）模拟动画显示

系统具有模拟动画显示功能，形象、直观、全面地反映安全生产状况。显示内容包括工艺流程模拟图、相应设备开停状态、相应模拟量数值等。

9.2 井下综放工作面生产监控

9.2.1 综放工作面监控的内容

随着煤炭开采向集约化方向的发展，对工作面的生产能力和效率提出了更高的要求。实现综采工作面生产过程自动化，以减轻劳动强度，提高生产效率；实现对主要生产设备工况的实时在线监测，及时发现故障隐患，及时采取措施避免设备损坏，提高设备正常率和开机率；将工作面的相关信息及时传输到地面，并通过计算机网络实现共享，达到生产管理网络信息化。

塔山煤矿综放工作面采用的是具有国际先进水平的高产高效综放成套装备和工艺技术，要发挥这些设备的能力，还需要采取一定的技术措施，使各个设备之间能够相互联系和协调工作。综放工作面监测系统就是在传统的工作面监测信息系统的基础上，根据工作面的生产工艺要求和工作面环境状况，实现对工作面生产设备启停和运行状态的智能监测监控。

井下综采工作面监测系统方法如下：

（1）在综采工作面设立本安监控分站，与矿井现场控制层网络相连，将工作面设备及其相关配电设备、控制设备有机地整合在一起，组成综采工作面控制系统。在矿井监控中心观察综采工作面控制系统中的各种参数和运行状态。

（2）采煤机和泵站均配有各自的 PLC 控制系统，其余设备各设置一套控制系统对其进行控制，同时与采煤机、刮板输送机、转载机、破碎机的配电系统（负荷中心），泵站配电系统（组合开关）和工作面控制通信系统进行通信，最终按逆煤流启动、顺煤流停车的原则协调工作面设备的工作。

（3）综采工作面自动化监测系统具有 RS232/TTY，BB22444、FDL 等通信协议，实现与国外综采设备厂商的通信，监测通信设备为本质安全型设备，小型化，易安装，易搬迁，故障率低，可靠性高，维护量少，扩容方便，适应综采工作面快速推进和快速搬家倒面安装的特点。

自动化层各主控机之间及矿井综合自动化系统之间的关系如图 9-1 所示。

9.2.2 综放工作面采装运设备自动监控

对于综放工作面（包括放煤）要实现生产过程自动化，必须实现工作面巷道集中控制、采煤跟机自动化、放煤过程自动化、工作面运输能力、落煤量的自动匹配，如图 9-2 所示。

监测和控制对象：工作面所有的生产设备，包括采煤机、刮板输送机、转载机、破碎机、泵站、液压支架、动力中心、通信保护系统和带式输送机等。

监测工作面数据：主要生产设备的工作电流、电压、功率，运输设备电机、减速箱的温度、振动等故障诊断信息，动力中心的工作状态、故障信息，工作面通信保护系统工作状态、闭锁情况，瓦斯含量、环境温度、风速、一氧化碳，煤仓仓位信息等。

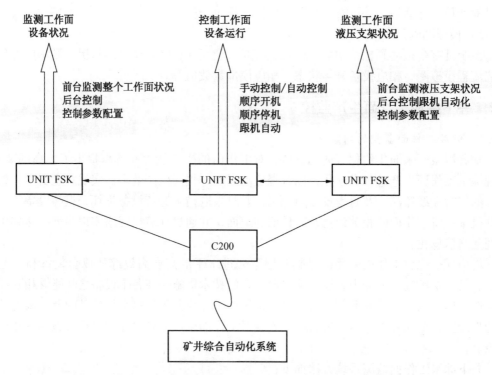

图 9-1 自动化层各主控机之间及矿井综合自动化系统之间的关系

监测系统所实现的控制功能：工作面生产设备的启动和停机；工作面生产设备的生产速度控制，如采煤机的牵引速度等；乳化液泵站和清水泵站的自动控制。

（1）工作面矿压、支架工况及支护质量监测。通过与矿压监测系统的通信，根据该系统提供的数据对工作面支架的前后立柱的工作阻力，位移传感器对支架立柱伸缩量、倾角传感器对支架顶梁倾角的监测可连续地掌握顶板压力的变化情况和准确预测顶板初次来压及周期来压，采取有效防范措施，减少和排除顶板压力对生产和安全的不良影响；同时可以及时发现损坏或不能正常工作的支架，还能够检查支架操作的初撑力是否符合要求，以检查和保证工作面的支护质量。

（2）采煤机、刮板输送机等生产设备工况监测（及警告）。通过对工作面刮板输送机及转载机负荷量的连续监测，随时监视其工作状况，在发生超负荷系统（如当放煤刮板输送机发生超负荷时，系统发出警告，放煤操作工听到警告时，即可暂停放煤）所用传感器为电流负荷传感器。

（3）采煤机在工作面的位置监测。通过对采煤机在工作面位置的连续监测，可随时掌握工作面的生产状况，以便合理调度生产。

（4）乳化液泵站的工况监测。乳化液的供给质量对支护质量和设备的使用寿命影响极大，系统通过流量传感器对乳化液箱补充液量的监测，可以及时准确地掌握补充液量及乳化液浓度。通过对乳化液泵站出口压力的监测，可以控制支架的初撑力，保证支护质量合格，同时对乳化液泵的开停进行监测和统计。

（5）工作面生产工艺过程监测。对生产工艺过程监测是建立在以上各项监测的基础

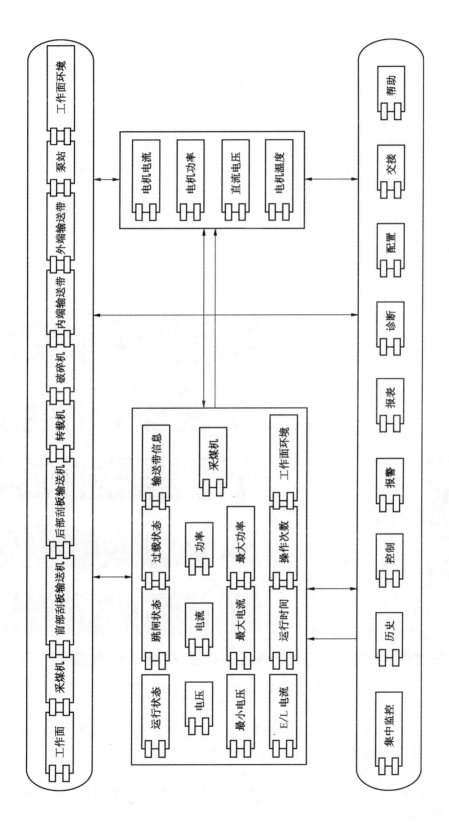

图 9-2 采装运设备自动监控

之上的，通过对以上各项监测结果的分析和数据整理，可以确定整个工作面的生产工艺过程，并以形象直观的显示方式在专用显示屏上显示出来，以便对生产过程进行及时的调度和管理。

9.2.3 综放工作面生产设备的控制

对综放工作面生产设备的控制如下。

1）启停生产自动程序

实现这些控制功能和综采工作面所选用的生产设备是否具有数字接口有关，具有数字接口的智能生产设备可以减少控制系统实施的工作量。采煤机能提供本身的状态数据如位置、牵引速度、牵引方向等，控制系统通过连接采煤机采集相关数据实现采煤机监测。

2）实现工作面内运输能力和落煤量的自动匹配

根据刮板输送机、转载机的负荷量自动调整采煤机的牵引速度以调整落煤量，实现采煤生产的良性运行（图9-3）。

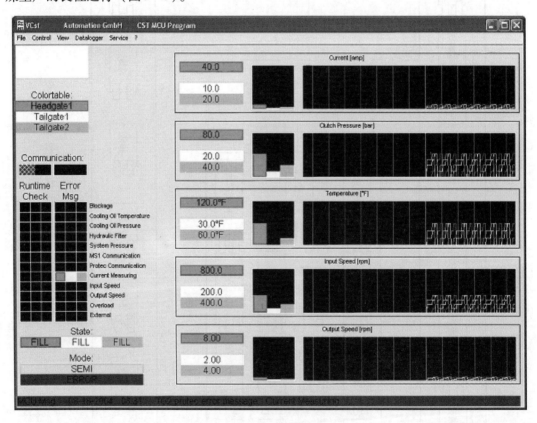

图9-3 工作面输送机监控画面

实现泵站的自动控制，根据工作面的生产需要，自动控制乳化液泵的工作模式、自动补充乳化液（包括自动配比控制）和自动控制清水泵的启停。

3）工作面顺序启动

启动顺序：带式输送机→破碎机→转载机→刮板输送机→采煤机。

4）工作面顺序停机

停机顺序：采煤机→刮板输送机→转载机→破碎机→带式输送机。

5）工作面设备闭锁逻辑

工作面内单台设备闭锁时，根据煤流方向自动实现逻辑闭锁。该项功能由通信控制子系统和电液控制子系统在自动监控主机的协调下自动完成。

6）负荷控制

根据刮板输送机的负荷量自动调整采煤机的牵引速度以调整落煤量。当刮板输送机的负荷超载时系统能及时降低采煤机的牵引速度以减少落煤量，反之可适当提高采煤机的牵引速度，以达到设备工作在高效、安全的状态。

7）采煤机

采煤机主要监测数据见表9-1。

表9-1 采煤机主要监测数据

功　能	监测状态	监　测　部　位
保护	过载	截割、牵引、液压泵
	过热	截割电机、牵引电机、泵电机、液压油、牵引变压器
	缺水	冷却水
监测	电流	截割、牵引、液压泵
	温度	截割、牵引、液压泵、牵引变压器、滚筒高速轴
	压力	润滑油、润滑水
	运行速度	牵引
	运行位置	采煤机
	摇臂高	

8）前、后部刮板输送机，转载机，破碎机

DBT前、后部刮板输送机，转载机，破碎机采用PMC-V驱动装置控制系统，采用Profibus FDL通信方式和ZM20进行通信（图9-4）。

9）工作面Promos系统和Sait动力中心

工作面Promos控制系统和Sait动力中心通过AST线连为一体，互相进行通信；工作面巷道Promos系统和工作面Promos系统通过Linie线连接，互相进行通信。所以，用一台ZM20和工作面Promos系统控制器进行通信，即可以实现对Sait动力中心和带式输送机电控的监测监控。

10）泵站系统

泵站系统（图9-5）监测数据如下：

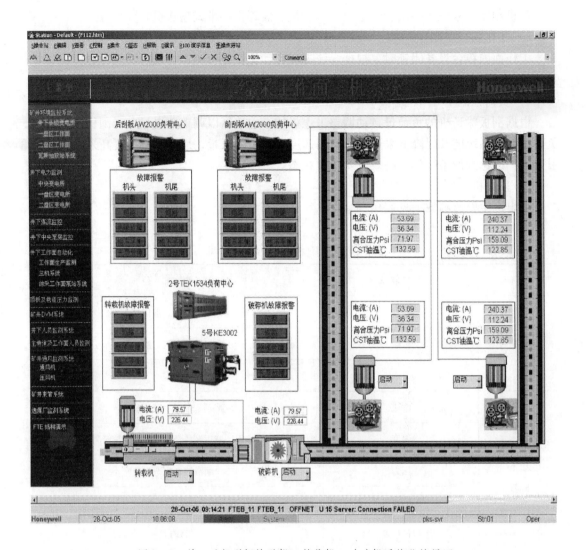

图9-4 前、后部刮板输送机，转载机，破碎机系统监控界面

（1）乳化液泵站。监测各主电机的开停状态和电机电流，监测乳化液箱的液位（高液位、低液位、干液位等），监测注水阀的开关状态，监测乳化液管路出口压力、流量，监测乳化液温度，监测各卸载阀的开关状态。

（2）喷雾泵站。监测各主电机的开停状态和各机电流，监测喷雾泵水箱的液位（高液位、低液位、干液位等），监测喷雾泵管路出口压力、流量，监测水温等。

综采工作面自动化监控界面如图9-6所示。

9.3 井下带式输送机集中监控系统

9.3.1 监控系统结构和功能

塔山煤矿一盘区从井下工作面到地面井口的输煤系统由一系列带式输送机搭接组成，电控系统涉及各区域主井输送带、1070输送带、2103工作面输送带。

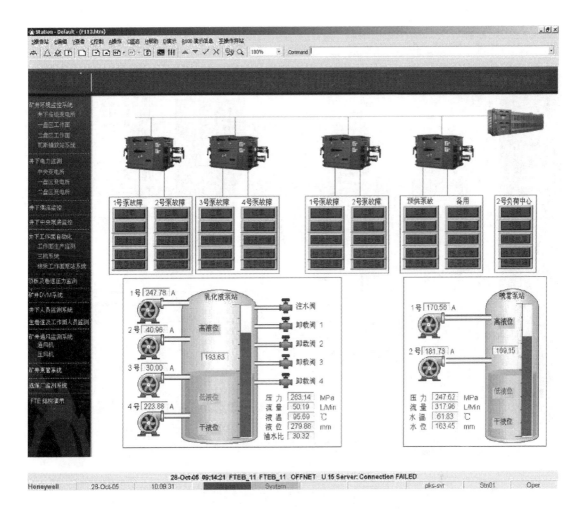

图 9-5 综采工作面泵站系统界面

　　通过主井口的 Honeywell 控制柜监测主井输送带、1070 输送带贝克控制系统和主井输送带 CST 控制系统的数据信息。通过井下中央变电所的 C200 控制器采集工作面输送带、1070 输送带 CST 控制系统和工作面巷道、工作面贝克系统的信息。通过采集这些实时数据，在监控中心进行组态，实现监控中心远程监测监控的目的。对各输送机输送带保护、输送带电控、CST、皮带秤、高低压开关、主要驱动设备等信息的监测，在地面控制室实现井下输送带的集中监测和管理；对井下带式输送机各种参数及各故障、运行状态的监测。

　　为使用现代化信息技术，充分发挥煤矿管理信息网络和各生产控制系统应有的功效，实现管控监一体化的理想格局，并达到减员增效的目的。对带式输送机运输组成原煤生产运输的集中监控系统，由地面计算机统一管理，对整个生产系统进行自动化控制。

　　实现原煤带式输送机主运输系统集中监控与分布式控制相结合，取消各级带式输送机的操作人员。系统具有严密的逻辑控制功能以实现逆煤流或顺煤流自动启车，顺煤流自动停车。在设备故障紧急停车时以故障点作为系统故障分界线，实现煤流上部的设备紧急停

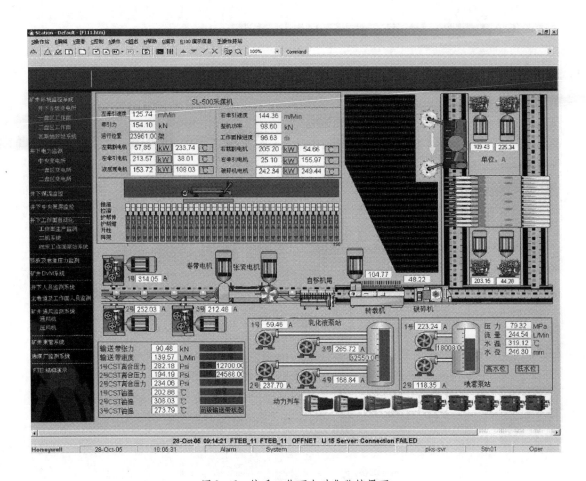

图 9-6　综采工作面自动化监控界面

车。系统具有集控自动、集控单机、就地控制等功能、模式（图 9-7）。

井下带式输送机监控的主要特点如下：

（1）建立完善带式输送机电机电流、电机温度、油温、带速、跑偏、打滑、纵撕、烟雾、急停等保护功能的地面控制室显示，操作员能够识别带式输送机的急停位置、跑偏位置，能够使控制室操作员正确判断故障性质，发出正确的报警、停车指令，实现带式输送机沿线故障检修的高效性。

（2）控制室实现各带式输送机保护的投入与屏蔽功能，实现边检修边生产，最大限度满足矿井的生产。

（3）实现系统控制网络与综合自动化网络的无缝连接，使综合自动化网络能及时获取所需的信息。

（4）系统具有极高的开放性，保证在采区延伸或矿井扩建时新增带式输送机的接入。

在地面控制室设立输送机监控工作站实现原煤运输系统的集中监控。矿井输送机的运行状态、带式输送机的启停控制等操作全部在地面控制室大屏幕显示操作完成（图 9-8）。

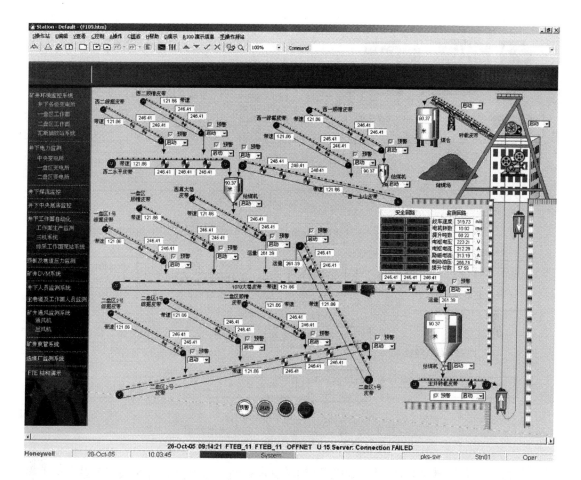

图9-7 井下煤流监控界面

9.3.2 监测系统工作模式

控制室监控站作为矿井监测监控自动化平台的工作站,与综合信息网络连接,实现信息共享,并作为输送机监控子系统的工作站完成输送机运输系统的监控功能。矿井输送机监控系统具有集控自动、集控单机、就地控制3种工作模式。

1)集控自动模式

全线逆煤流启车、顺煤流停车。由地面监控主机操作员发出开车指令,按照设定的流程及连锁关系通过井下相应的各级分站,向各个带式输送机电控发出开车命令;各带式输送机电控收到开车命令后,自动发启动预告,然后启动相应电机,各种阀门及相关设备,各个输送带开始逆煤流完成启动运行。当控制室发出停车指令后,系统按照顺煤流原则依次停车。如果某台输送机故障导致停车,则与该输送带有闭锁关系的设备也将停止运行(如后方带式输送机),但故障点前面的输送机继续运行。当这条输送机故障消除后,由操作员确认无报警后可继续启动这条输送机及其后面的输送机。

2)集控单机模式

由地面监控主机操作员根据生产需要点动单机启停每个输送机、给煤机、破碎机等设

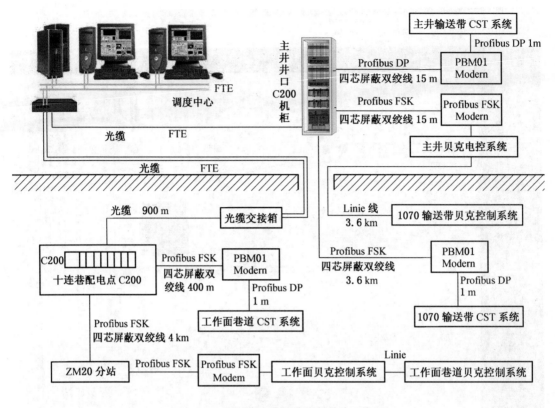

图 9-8 塔山煤矿输送带控制系统示意图

备，输送机设备间具有联锁与解锁功能，输送机设备间是否保持严格的联锁关系，可由操作员选择。这种模式主要是为了检修和调试所用。

3）就地控制模式

如果输送机没有向控制室发出且保持"集控"信号，则各自输送机的启停控制由本地司机控制，控制室仅实现监测与报警功能。

矿井输送机监控子系统监测信息分为设备监测与保护监测。

（1）设备监测：输送机、主电机、制动器、CST 油温油压、输送带张力、输送带速度、输送带运量、张紧装置、驱动装置、电机电流、电机绕组温度、运行时间等。

（2）保护监测：拉线急停及其故障地址、跑偏及其故障地址、打滑、纵撕、烟雾、超温洒水、堆煤、滚筒温度、轴承温度等。

9.4 井下电力监测系统

井下电力监测包括中央变电所、十连巷配电点、运输巷机头配电点、2103 配电点、主井口高压开关柜等，根据开关厂家和开关柜厂家提供的点号表，在地面监控中心进行组态，设计组态画面，对实时数据进行准确的显示。该系统实现井下所有变电所高压配电装置的无人值守和远程地面电力监测调度。系统可靠性高、实时性好，在地面可对井下高压开关进行整定、分合复位控制、开关信息的监测，实现变电所自动控制和"三遥"。

中央变电所采用的是无锡新一代的开关柜，开关柜具有综合保护装置。主要采集的信息包括开关柜的工作电压、电流、开停、故障、保护信息。

十连巷、运输巷机头、2103 配电点全部采用电光防爆的高低压开关。其中，十连巷有 18 台 10 kV 高压配电装置、10 台低压馈电开关，运输巷机头配电点有 6 台 10 kV 高压配电装置和 1 台六回路组合开关，2103 配电点有 8 台 10kV 高压配电装置。这些开关都采用其厂家内部的协议，因此利用 3 台 KJ254F 型监控分站对这些开关的信息进行采集。主要采集的信息包括开关的电压、电流、保护及各种故障信息。

主井机头采用的是上海德力西的 10 kV 开关柜，珠海万利达的综合保护。通过 1 台 MGLJ-300 通信管理机对该协议进行转换，最终以 Modbus RTU 通信协议的形式与主井口的 C200 控制机柜进行通信。主要采集的信息包括开关的电压、电流、保护及各种故障信息。

中央变电所电力监控界面如图 9-9 所示。

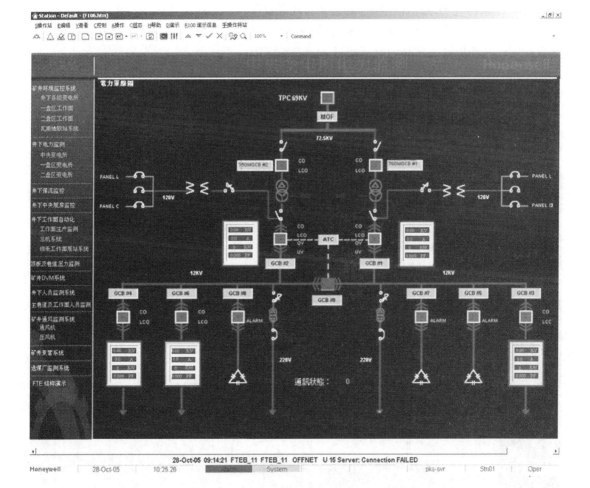

图 9-9　中央变电所电力监控界面

9.5 其他自动化监控系统

9.5.1 中央水泵房监控系统

中央水泵房监控采用上海普昱自动化控制系统，该系统可以独立对中央水泵进行自动化控制。Honeywell 全矿井自动化系统通过 Profibus FSK 通信方式与普昱自动化系统建立通信。中央水泵房监测系统具有如下特点：

（1）监控系统通过 93.75 Kb/s 高速 Profibus 工业控制网并入目前世界最先进的 100M 工业冗余容错 FTE 高速主干网，实现水泵房监控子系统与全矿井的监控系统信息共享。

（2）采用 Honeywell 新一代的 Experion PKS 过程知识系统平台，综合考虑矿井各种安全信息，实现水泵子系统的最优控制策略；水泵子系统的报警、信息显示、报表统计处理全部融入整个矿井监控系统的数据系统。

（3）水泵房现场以计算机图形界面结合现场操作，尽可能简化操作与状态显示。

（4）结合井下电力监测系统，根据电网负荷信息，以"移峰填谷"原则确定开、停水泵时间，从而提高了矿井的电网质量。

中央水泵房监控系统界面如图 9-10 所示。

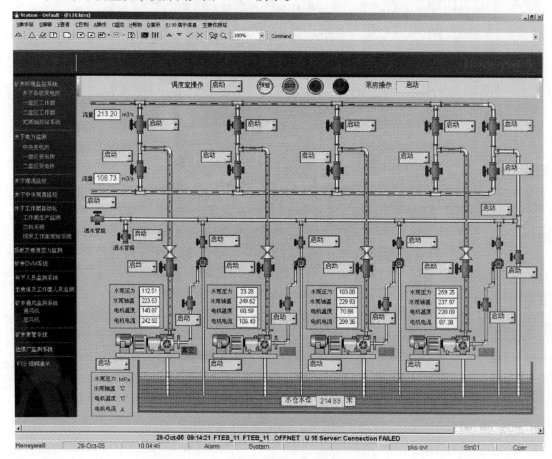

图 9-10 井下水泵房监控系统界面

9.5.2 选煤厂子系统

选煤厂监控系统使用的是约翰芬雷控制系统，是一个较大的自动化系统，也是一个比较独立的系统，该系统可以独立实现选煤厂监测监控的目的。矿井自动化系统采用OPC协议和约翰芬雷控制系统建立通信。选煤厂自动化系统监测的主要数据包括选煤车间运行信息、地面生产系统运行信息、压滤车间系统运行信息、筛选车间系统运行信息、洗选车间系统运行信息、跳汰机、脱水筛、原煤分级筛、离心机、浓缩机、加压过滤机、破碎机运行信息等。选煤厂监控系统界面如图9-11所示。

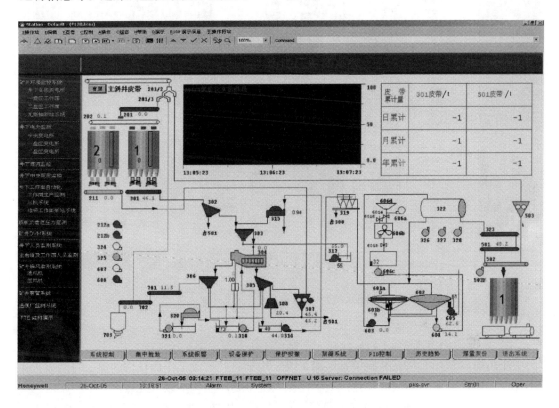

图9-11 选煤厂监控系统界面

9.5.3 盘道通风机系统

塔山煤矿的主要通风机房设在盘道村，通风机房布置两台轴流式通风机，一台工作，一台备用。配套10 kV同步电机。通风机房设一计算机监控系统，对通风机拖动电机、风门及有关工艺参数采用PLC控制和检测，并对通风机运行过程中各类故障进行报警、分析、记录和趋势预测等，该电控系统的计算机与矿井生产监控及管理系统联网，互送有关生产、管理信息。矿井通风机监测系统界面如图9-12所示。

9.5.4 矿压监测部分

矿压监测部分在井下有监测分站，通过电话线将监测分站的信息传到地面的上位机，Honeywell与矿压监测的上位机直接建立通信，并在监控中心机房进行组态，实时反映矿压监测信息（图9-13）。

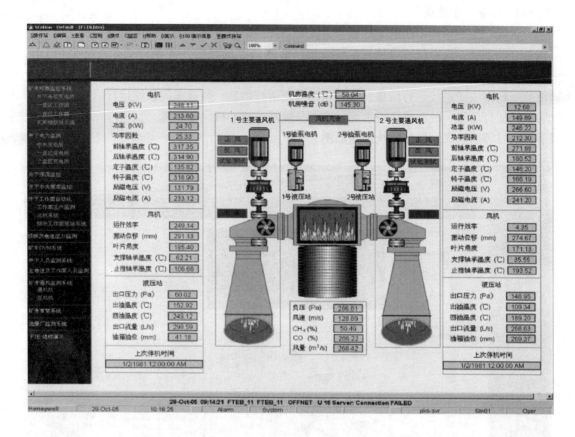

图 9-12　矿井通风机监测系统界面

9.5.5　束管监测系统

塔山煤矿采用北京安菲斯束管监测系统,用于高产高效工作面日常的煤层自然发火采用注氮时的采空区气体成分监测。束管监测系统主要功能包括以下几点:

（1）对井下任意地点的氧气、氮气、一氧化碳、甲烷、二氧化碳等气体含量实现 24 h 连续循环监测,通过烷烯比、链烷比的计算,及时预测预报发火点的温度变化,为煤矿自燃火灾和矿井瓦斯事故的防治工作提供科学依据。

（2）预警和探测有毒有害气体,保护人员安全。

（3）及早采取防爆防火措施,确保连续生产。

（4）通过准确、稳定、可靠的分析,提高煤矿环境的安全监视及营运作业反应能力;按监察情况提供紧急操作程序指南,提高安全操作。

（5）通过实时关键绩效指标（KPI）衡量标准,促使多个矿区能比较和交流最佳安全作业流程,连续执行最佳操作实践。

（6）有关分析资料有利于煤层气回收,用于发电或煤化生产。

（7）系统应能与矿井综合调度系统无缝连接,实现数据的共享。

束管气体分析系统和束管系统监控界面如图 9-14 和图 9-15 所示。

9.5.6　井下人员、无轨车辆跟踪定位监测系统

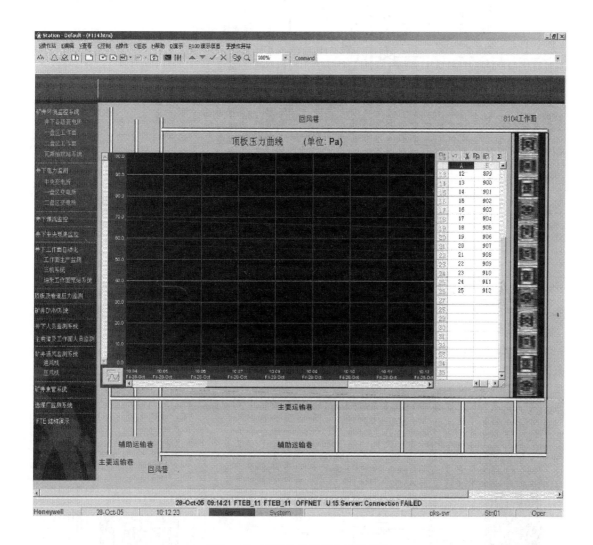

图 9-13 顶板及巷道压力监测界面

　　井下人员、无轨车辆跟踪定位监测系统，通过 Experion 实时查询当前井下人员和车辆数量及分布情况，查询任一指定井下人员和车辆在当前或指定时刻所处的区域，查询任一指定井下人员本日或指定日期的活动踪迹。在井下一些重要硐室、危险场合（如盲巷等）配备识别器和语音站可有效地阻止人员违章进入，并将违章人员记录在案；班末清点时，如发现人员丢失则报警；或者发现人员在井下超过给定的时间，自动报警提示并提供相关人员的名单等信息；对事故现场人员进行搜寻和定位搜寻，以便及时救护；对下井人员进行下井次数、时间等多种分类的统计，便于考核。在调度控制中心提供与人员有关的客观的、实时的统计数据。

　　井下人员监测系统和工作面人员监测系统界面如图 9-16 和图 9-17 所示。

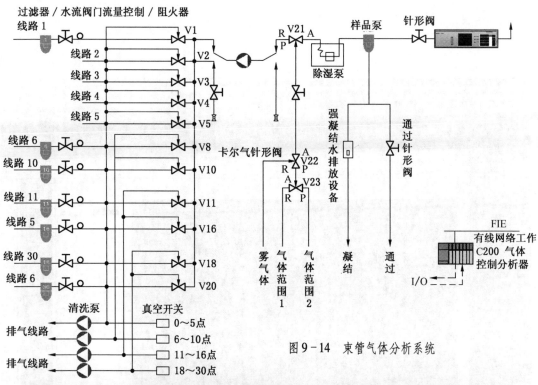

图 9-14　束管气体分析系统

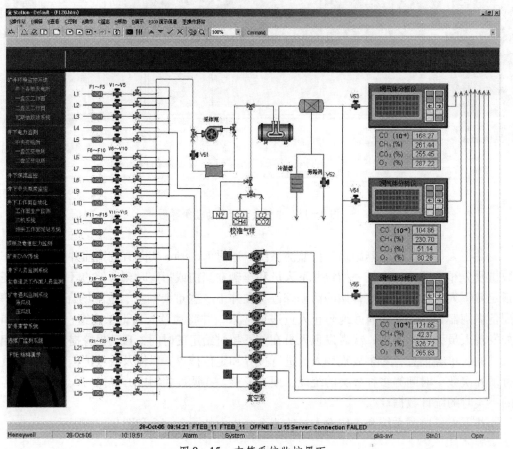

图 9-15　束管系统监控界面

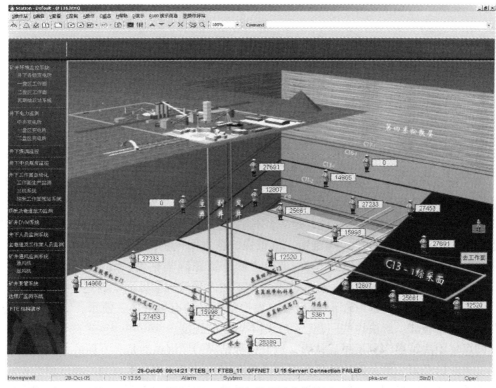

图9-16　井下人员监测系统界面

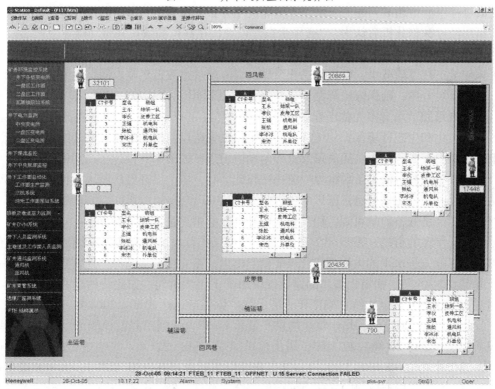

图9-17　工作面人员监测系统界面

10　塔山煤矿的发展模式

10.1　理论引领、科学决策

2003年2月6日，中国煤炭工业史上设计能力最大的井工矿井——塔山煤矿建设的大幕就此拉开。这标志着同煤集团翻开了中国煤炭工业史上新的一页。塔山煤矿总投资30.34亿元，这对于同煤集团来说，是一个不小的数目，压力之大可想而知。由于之前煤炭市场供大于求，煤炭行业"煤难卖、价难保、款难回"的阴影刚刚散去。大同煤矿集团有6个矿因资源枯竭已经破产，一半生产矿井资源濒临枯竭，资源回收率平均不到50%。同时，采矿对环境造成了极大的破坏，矿区内采煤沉陷区面积高达345 km^2，仅集团公司本部就有60多座矸石山，煤矸石自燃产生大量的有害气体，使水、空气、土壤受到严重污染和破坏。解决这些问题已到了刻不容缓的程度。

同煤集团决策层深刻反思后认为，造成这种结果的原因虽然是多方面的，但产业结构单一、产业链条短、产品附加值低无疑是主要原因。显然，这种粗放型的经济增长方式已经不能适应企业的发展。这既是同煤集团在前进道路中遭遇的问题，同样也是中国煤炭工业发展过程中所遭遇的问题。未来，中国煤炭工业必须探索出一条新的发展道路。同煤集团决策层经过深刻分析后认为，"必须走以建设现代化高产高效矿井带动煤业主产品及非煤产品相关产业链延伸，实现绿色开采的循环经济之路"。尽管同煤集团主采的侏罗纪煤系可采储量正在逐渐减少，但石炭二叠系煤炭资源储量达数百亿吨。同煤集团决定开发石炭二叠系煤炭资源，确保煤炭资源的永续利用，并提出了"从单一到多元、从粗放到集约"的发展思路，培育多元化产业体系，发展循环经济产业链，实现资源循环利用、经济效益最大化和生态环境保护相统一。同煤集团决策层以前瞻的眼光，非凡的魄力毅然决策上马了塔山煤矿。同煤集团决策层这样勾勒塔山煤矿的未来：设计年产量中国第一、世界一流，装备世界一流，工效世界一流……与此同时，塔山循环经济园区项目也将全部建成达产。届时，塔山循环经济园区年销售收入可达60多亿元，预计大约10年的时间即可收回投资，经济效益前景可观，而其带来的社会效益则更是无法估量。

经过3年多的奋战，2006年7月19日，塔山煤矿首次试产告捷。一个代表着21世纪中国煤炭工业先进水平的大型现代化煤矿横空出世，矗立在塞上高原。通常建设一个特大型矿井需要5~8年，而塔山煤矿的建设仅仅用了3年多时间，如此快的建井速度，这在中国煤炭工业史上是罕见的。2007年，塔山煤矿原煤产量达8 Mt。2008年，塔山煤矿原煤产量达10 Mt。2009年，塔山煤矿原煤产量达17 Mt，达到矿井设计能力。2010年，塔山煤矿原煤产量达20 Mt。2011年，塔山煤矿原煤产量达22 Mt。塔山煤矿的主要指标：①矿井建设速度快（3年零5个月）；②工作面资源回收率高（94.48%）；③吨原煤生产能耗低（1.5千克标准煤/吨）；④万元产值综合能耗低（88.26 MJ/万元）；⑤综采最高日产5.8×10^4 t；⑥综采最高月产1.31×10^6 t；⑦矿井最高日产8.8×10^4 t；⑧矿井最高月

产 2.21×10^6 t；⑨山西省企业环境行为评价级别最高（山西省等级中最高的"绿色"行为等级）。

塔山循环经济园区亦于 2009 年建成。项目规划总投资约 204 亿元，包括年产 15 Mt 的塔山煤矿；年产 10 Mt 的同忻煤矿；年入选 15 Mt 原煤的塔山选煤厂；年洗选能力 10 Mt 的同忻洗煤厂；2×60 万千瓦的坑口电厂；4×5 万千瓦的资源综合利用电厂；年产 5×10^4 t 的高岭岩深加工厂；年产 7.2 亿块煤矸石砖的塔山建材厂和同忻建材厂；年产 2 Mt 的水泥厂；日处理 4000 m^3 的污水处理厂，年产 1.2 Mt 的甲醇厂，以及全长 19.29 km 的铁路专用线，概括起来就是"二矿十厂一条路"，构建起了"煤—电"、"煤—建材"和"煤—化工"三条完整的产业链条。塔山循环经济园区具有最鲜明的特点：黑色煤炭、绿色开采、循环经济、"吃干榨尽"、高碳产业、低碳技术。主要体现在：第一，塔山煤矿和同忻煤矿生产出的原煤，经过选煤厂进行洗选加工，将精煤直接装车外运，再将煤炭中赋存的高岭岩加工成高岭岩系列产品，作为陶瓷、造纸、化妆品等产业的原材料。第二，将洗选中产生的中煤、尾煤等低热值煤输送到矸石电厂进行发电，再将原煤输送到坑口电厂进行发电。第三，将两个电厂排放的粉煤灰等废弃物作为水泥厂的生产原料。再将水泥厂排放的废渣及煤矸石作为煤矸石砖厂的生产原料。这样就实现了资源的充分利用。

塔山园区不仅完全按照循环经济减量化、再利用、资源化的原则建设，而且还做到了"四个最"，即对地质环境的扰动最少，对矿产资源的开发最优，对资源的综合利用效果最好，对生态环境的影响最小。园区经济理论就是在条件优越的区域内，精心营造一个小环境，建成一个相对独立完整的产业群，实现项目、资金、人才、技术的聚焦效应。塔山园区产业关联、招商引资优势明显，资源、人才等要素充分融合，形成了园区的集成创新效应，产生了强大的市场竞争力。规模经济理论就是扩大经营规模可以降低平均成本，从而提高利润水平。

塔山园区的成功建成，主要体现以下几个方面：

（1）现代产业科学聚集。在塔山，十个项目、两条产业链，组合最科学、联系最紧密、衔接最合理，实现了绿色开采和绿色加工，做到了最优开发、最大回收、最佳利用、最少排放，实现了综合效益的最大化。

（2）现代科技、一流设备高度密集。多家科研机构、高精尖技术专家汇聚塔山煤矿，攻坚克难，国家"十一五"重大科技项目取得突破，一系列世界级的技术难题成功破解，一大批国内一流、世界先进的工艺技术、装备技术、信息技术、节能技术、环保技术运用于生产。塔山煤矿的实践，充分展现出科学技术的强大支撑力。同时一流的装备，保证了塔山煤矿一流的生产效率。放顶煤开采工艺，使得采出率超过 80%，达到国际先进水平。

（3）现代企业管理制度，管理创新提升。塔山煤矿完全按照公司制运行，机构设置简单、人员精干，实行"扁平化"管理模式。在艰苦的创业过程中培养了一大批有归属感的管理、技术人才，依靠广大员工实施制度建设，形成了独特的企业管理文化，为企业的可持续发展奠定了坚实的基础。塔山现代化安全高效矿井建设的管理模式，第一依靠科技进步，利用先进设备，优化采掘布局，科学劳动组织，实现赶超世界一流水平的目标；第二以市场为导向，走出一条"投资少、见效快、自我积累、滚动发展"的新路子；第三实行专业化、集约化管理，建立"四条线"管理体制；第四坚持"产学研"相结合的发展思路，使高产高效矿井建设更具有智力支持的强大动力和持续后劲。建设现代化高产高效特大型矿井，是同煤集团落实大型煤电能源企业发展思路的重要举措。积极推动具有先进技术装备和先进管理理念的大型矿井建设，大力发展循环经济，不仅可以有效提高产业集中度、提升矿井安全保障水平和资源利用率，更能促进矿区生产与环境的协调发展，也是企业发展的必然选择。

管理创新方面：建设方式全面创新，项目全部采用法人负责制，各个环节明确责任，严格考核，倾全集团之力，强力推进；运营方式全面创新，引进战略合作者，全部采用股份制，实现了生产专业化、队伍精干化、服务社会化、管理现代化；管理方式全面创新，同煤集团作为园区的建设主体，统筹各项目间的成本和收益，保证了产业链运转顺畅，使园区整体盈利实现了最大化。

（4）现代文化融汇凝聚。一流的企业做标准，一流的企业做文化，在大集团、大文化的指引下，各个项目独具创新，塔山煤矿的"六个典范"、塔山电厂的"六个一流"、煤矸石砖厂的"四型"标准、水泥厂的"四高"要求等，这些既是对塔山模式的精辟总结，又是发展循环经济的行动纲领。塔山的和谐繁荣，彰显了文化的无穷魅力。

10.2 塔山模式描绘"循环路径"

与传统煤炭生产方式相比，塔山循环经济园区具有这样一些特点：一是区域经济科技层次高，塔山煤矿和选煤厂等项目都采用国际、国内最先进的技术设备和技术工艺，产业链条完整；二是资源回收率高，达到了80%以上；三是变废为宝，煤矿伴生资源和各个产业的废弃物得到了充分利用；四是改善了区域环境质量，把传统开发模式中的环境污染问题作为企业开发的重点进行综合利用，加强了生态修复和环境建设。每一种上游企业的废弃物都是下游企业的原材料，实现了从资源到产品到废弃物，再到再生资源的循环利用，以最小的资源消耗和环境成本获得了最大的经济效益和社会效益。

有了塔山循环经济园区建设的成功经验，同煤集团继续深化改革，同忻等7个千万吨级矿井和铁锋等4个500万吨级矿井建设全部复制塔山模式。打造循环经济园区群，重点再建设朔南、东周窑—马道头、白家沟三个循环经济园区。这三个园区的设计更加成熟，规划更加完善。目前，这三个园区正在开展相关前期工作。朔南、东周窑—马道头、白家沟三个循环经济园区将以塔山循环经济园区为样板，完善以煤炭资源开发为起点，以劣质煤、煤矸石、粉煤灰、矿井水及煤系共伴生资源等各类资源综合利用为中心，将各类资源进行综合利用，朔南循环经济园区、东周窑—马道头循环经济园区要建设形成"煤炭—电力—建材"产业链；白家沟循环经济园区要建设形成"煤炭—电力—铝业"产业链。通过发展循环经济，使同煤集团循环经济发展由"点循环"到"线循环"再到"面循环"，从而形成纵横交错的网络化、立体式循环经济框架，使资源能源消耗率得到大幅度降低，废弃物最终排放量得到大幅度降低，建设资源节约型和环境友好型企业，统筹产业发展，统筹地企发展，统筹环境保护，转变经济发展方式，实现又好又快发展。

10.3 发展低碳经济，建设绿色矿区

塔山循环经济园区是有别于传统煤炭开采方式的一次全新尝试。原煤开采出来，全部进入选煤厂洗选后，精煤直接装车外销，洗选过程中产生的中煤、煤泥以及排放的部分煤矸石输送到资源综合利用电厂和坑口电厂发电，煤矸石中的伴生物——高岭岩输送到高岭

岩加工厂进行深加工，煤矸石和电厂排出的粉煤灰作为水泥厂原料，水泥厂排出的废渣进入砌体材料厂用于生产新型砌体材料，井下排水和选煤厂污水进行加药处理后，重新返回到厂区循环利用。在塔山工业园内没有废弃物，煤炭被"吃干榨尽"，真正实现了"黑色煤炭、绿色开采"的目标。园区内的 10 个项目，共同组成了"煤电—建材"和"煤—化工"两条循环经济产业链，做到了多业并举，实现煤炭资源利用低消耗、低排放、高效率，从而更加有效地利用资源和保护环境。

煤炭是高碳产业，推动节能减排的关键是通过科技强力支撑，实现低碳发展。塔山循环经济园区累计完成了 100 多项科技创新项目，特别是充分运用了低碳技术，达到了资源综合利用的最大化。如塔山煤矿的特厚煤层一次采全高技术、塔山电厂的直接空冷技术、1.2 Mt 甲醇项目的干煤粉汽化合成技术、高岭岩厂的细磨煅烧生产技术，实现了资源的就地转化，减少了运输过程中的环境污染，节约了大量的运力资源、能源资源和经济成本。

从社会效益看，塔山循环经济园区的发展模式，成为节约资源和保护环境、建立资源节约型和环境友好型社会的典范。2009 年，塔山循环经济园区营业收入达到 68 亿元，实现利税 26 亿元。园区能源产出率为 0.49 万元/t 标准煤，生产总值取水量 4.57 m^3/万元，原煤生产能耗为 0.002 t 标准煤/吨（58.54 MJ/t），工业固体废物处置量为 6.29 Mt，二氧化硫排放量 1923 t，COD 排放量 0 t，实现了资源利用的低污染、低消耗、低排放。

塔山循环经济园区是大同煤矿集团公司的一个缩影，也是中国煤炭工业的一个缩影。作为中国煤炭工业的长子，同煤集团从镐刨马拉采煤发展到采用世界一流的综采设备采煤，从年产煤炭 8×10^4 t 的小煤矿发展到今天产销量达亿吨的煤炭大集团，从单一的产业结构到现代化的循环经济塔山工业园，走的是一条极不平凡的峥嵘之路，现在塔山工业园正按照"三个一流"——设备技术管理一流、资源节约和综合利用一流、环境保护一流的目标，强化各项管理工作，走出一条传统企业发展循环经济的新路。

塔山循环经济园区作为同煤集团落实科学发展观的一项重点工程和具体实践，得到了党中央、国务院的充分肯定。党和国家领导人胡锦涛总书记、温家宝总理、贾庆林主席、李克强副总理等先后亲临塔山视察工作。胡总书记称赞塔山园区为中国煤炭行业发展循环经济作出了表率。温总理肯定塔山循环经济园区的路子走对了，高度赞扬塔山矿是最先进、最现代化的矿井。

同煤集团作为一家传统煤炭生产企业，以其"减量化、资源化、再利用"的循环模式，为以节能减排为特征的低碳经济提供了一个"中国注解"。

塔山循环经济园区的建设也受到社会各界的关注和支持。多位专家学者前来塔山进行理论和实践的调研指导。他们把塔山所走的循环经济之路誉为"塔山模式"，代表了未来中国煤炭工业的发展方向。

参 考 文 献

[1] 白占芳，翟新献，李光，等．综放面采放系统设备生产能力配套技术研究［J］．采矿与安全工程学报，2006，23（3）：1-4.

[2] 陈钢．神华煤矿高产高效模式生产运营分析［C］//采矿工程学新论——北京开采所研究生论文集．北京：煤炭工业出版社，2005.

[3] 陈奇，汤家轩．中国煤炭工业高产高效矿井（2003年度）［M］．徐州：中国矿业大学出版社，2005.

[4] 次全军，匡铁军．高产高效矿井十年专题报道——以创新谋发展　建设高产高效矿井［J］．煤炭科学技术，2004，32（7）：1-3.

[5] 樊克恭，马其华，翟德元，等．特大型现代化矿井综放开采配套新技术［J］．煤炭科学技术，2003，31（10）：1-3，56.

[6] 郭永长，于斌，徐法奎．大同矿区"三下"煤柱充填开采可行性分析［J］．煤矿开采，2010（4）：40-42.

[7] 侯志鹰，于斌，周建峰．大同矿区坚硬顶板大面积整体切冒分析［J］．煤矿开采，2008（1）：62-65，81.

[8] 胡省三．序——科技创新对我国综采技术发展的重要性［J］．煤炭学报，2010，35（11）：1768.

[9] 黄庆国．塔山煤矿特厚煤层综放开采关键技术［J］．煤炭科学技术，2009，37（2）：22-24，28.

[10] 姜福兴，孔令海，刘春刚．特厚煤层综放采场瓦斯运移规律［J］．煤炭学报，2011，36（3）：407-411.

[11] 孔令海，姜福兴，刘杰，等．特厚煤层综放工作面区段煤柱合理宽度的微地震监测［J］．煤炭学报，2009，34（7）：871-874.

[12] 李宝山．创新安全管理　确保亿吨矿区安全高效［J］．煤炭工程，2006（6）：5-7.

[13] 李德军．塔山矿8102综放面瓦斯涌出的综合治理［J］．山东煤炭科技，2008（5）：161-163.

[14] 李鹏然．同煤塔山矿三维地震资料纠错分析与预防措施［J］．河北煤炭，2009（6）：6-7.

[15] 李志信．建设高产高效矿井［J］．煤炭科学技术，1994，22（6）：56-58.

[16] 梁栋，王云鹤，王进，等．升温速率与煤氧化特征关系的实验研究［J］．煤炭科学技术，2007，35（3）：72-74.

[17] 刘得英．煤矿综合自动化技术在神东矿区的应用［J］．煤炭科学技术，2002，30（S1）：26-30.

[18] 刘峰．煤炭采选技术装备的研究与发展［J］．煤炭科学技术，2007，35（6）：1-8.

[19] 刘宏杰，马德孝．塔山煤矿国际先进防火监测技术应用研究［J］．中国西部科技，2010（21）：40-42.

[20] 刘勤江．高产高效综采采区设计改革探讨［J］．煤炭工程，2003（10）：51-54.

[21] 刘文．TBM在塔山煤矿特殊条件下施工中的应用［C］//矿山建设工程新进展——2006全国矿山建设学术会议文集（上册）．北京：中国矿业大学出版社，2006.

[22] 刘永青．解读"塔山模式"——大同煤矿集团公司塔山工业园区发展循环经济纪实［J］．中国城市经济，2008（1）：122-127.

[23] 罗善明，师文林．综放工作面前、后输送机能力匹配研究［J］．煤炭学报，2000，25（6）：632-635.

[24] 孟二存．塔山煤矿综放工作面设备配套及巷道尺寸确定［J］．煤矿开采，2008（3）：67-68.

[25] 孟凡龙．大同塔山矿石炭系特厚煤层综采放顶煤工作面防火技术实践［J］．煤矿安全，2008（7）：44-47.

[26] 孟金锁．关于综采采煤工艺及一些参数优化问题的探讨［J］．中国矿业大学学报，1993，22

（1）：101 - 108.

［27］倪兴华.安全高效矿井辅助运输关键技术研究与应用［J］.煤炭学报,2010,35（11）:1909 - 1915.

［28］彭建勋,金智新,白希军.大同矿区坚硬顶板与坚硬煤层条件下综放开采［J］.煤炭科学技术, 2004,32（2）:1 - 4.

［29］彭苏萍,程桦.煤矿安全高效开采地质保障体系［M］.北京:煤炭工业出版社,2001.

［30］钱鸣高,曹胜根.煤炭开采的科学技术与管理［J］.采矿与安全工程学报,2007,24（1）:1 - 7.

［31］钱鸣高,缪协兴,许家林.资源与环境协调（绿色）开采［J］.煤炭学报,2007,32（1）:1 - 7.

［32］尚海涛.综采放顶煤的发展与创新——2005年综采放顶煤与安全技术研讨会论文集［C］.徐州: 中国矿业大学出版社,2005.

［33］沈明,石白云.塔山煤矿特厚煤层安全高效综放开采技术［J］.山西大同大学学报（自然科学 版）,2009（6）:66 - 68.

［34］石锐钦.同煤集团塔山工业园区发展循环经济的理论和实践［J］.同煤科技,2007（3）:24 - 26.

［35］宋永津.大同煤矿采场坚硬顶板控制方法与工程效果［J］.煤炭科学技术,1991（12）:18 - 22, 72,80.

［36］宋振骐.煤矿重大事故预测和控制的动力信息基础的研究［M］.北京:煤炭工业出版社,2003.

［37］孙福群.神华集团现代化安全高效矿井模式及装备特点［J］.煤炭科学技术,2011,39（S1）: 44 - 47.

［38］孙建明.神东矿区快速搬家倒面的顺利实现［J］.煤炭科学技术,2002,30（S1）:30 - 37.

［39］孙中辉.高产高效矿井开采模式研究［J］.煤炭学报,2000,25（6）:585 - 588.

［40］田利军.放顶煤开采爆破破碎硬顶煤研究［J］.煤炭学报,2003,28（1）:17 - 21.

［41］王安.现代化亿吨矿区生产技术［M］.北京:煤炭工业出版社,2005.

［42］王安.传统产业的变革-神东快速发展的思考［M］.北京:中国科学技术出版社,2006.

［43］王国法.煤矿高效开采工作面成套装备技术创新与发展［J］.煤炭科学技术,2010,38（1）: 63 - 68,106.

［44］王金华.我国高效综采成套技术的发展与现状［J］.煤炭科学技术,2003,31（1）:5 - 8.

［45］王金华.中国煤矿现代化开采技术装备现状及其展望［J］.煤炭科学技术,2011,39（1）:1 - 5.

［46］王素平.大同塔山矿斜井快速施工方法与效果［J］.有色金属,2004（4）:122 - 125.

［47］王显政.加快高产高效矿井建设促进煤炭工业经济增长方式的转变［J］.煤炭科学技术,1997, 25（1）:1 - 6.

［48］吴兴利,刘大同,张东方.大同综采40a综合机械化装备的研发［J］.煤炭学报,2010,35（11）: 1893 - 1898.

［49］吴永平.大同矿区特厚煤层综采放顶煤技术［J］.煤炭科学技术,2010,38（11）:28 - 31.

［50］吴永平.同煤塔山循环经济园区发展循环经济的实践［J］.煤炭经济研究,2010（01）:7 - 10, 33.

［51］谢和平,王家臣,陈忠辉,等.坚硬厚煤层综放开采爆破破碎顶煤技术研究［J］.煤炭学报, 1999,24（4）:350 - 354.

［52］徐成彬,陶树人.全套引进与国产综采设备方案比较［J］.中国矿业大学学报,1998,29（3）: 294 - 297.

［53］徐法奎,于斌,徐乃忠,等.大同矿区"三下"压煤开采措施分析［J］.煤炭科学技术,2007 （2）:84 - 86,89.

［54］徐刚.综采工作面配套技术研究［J］.煤炭学报,2010,35（11）:1921 - 1925.

[55] 徐永圻. 煤矿地下开采技术的发展及展望 [C] //世纪之交的煤炭科学技术学术年会论文集. 北京：中国煤炭学会, 1997.

[56] 徐玉学. 应用综放开采技术　建设高产高效现代化矿井 [J]. 煤炭工程, 2006 (4)：35 - 37.

[57] 杨大明, 于斌. 国有煤矿安全生产的特点与规律研究 [J]. 煤炭科学技术, 2003, 31 (9)：38 - 39.

[58] 杨建国, 欧阳广斌, 张献民. 依靠科技进步　实现矿井高产高效的探索 [J]. 煤炭科学技术, 2003, 31 (3)：55 - 57.

[59] 于斌, 陈晓敏. 应用网络技术实现煤矿安全监测系统联网 [J]. 煤矿安全, 2003 (7)：29 - 30.

[60] 于斌, 王爱国. "两硬" 5m 采高上覆岩层活动规律相似模拟试验分析 [J]. 煤矿开采, 2004 (2)：43 - 45.

[61] 于斌. 大同矿区综采工作面上行开采技术实践 [J]. 煤炭科学技术, 2004, 32 (4)：18 - 20.

[62] 于斌. "两硬" 条件下 4.5 ~ 5m 大采高综采技术 [J]. 煤炭科学技术, 2004, 32 (8)：35 - 37.

[63] 于斌. 大同矿区综采 40a 开采技术研究 [J]. 煤炭学报, 2010, 35 (11)：1772 - 1777.

[64] 于斌. 煤炭工业循环经济及园区发展模式分析 [J]. 煤炭科学技术, 2010, 38 (12)：105 - 108.

[65] 于海湧. 综放工作面回采率计算分析 [J]. 煤炭科学技术, 2011, 39 (3)：11 - 14.

[66] 翟桂武, 杨成龙. 高产高效矿区设备管理的研究与探讨 [J]. 煤炭科学技术, 2002, 30 (S1)：19 - 24.

[67] 张东升, 张明, 王宝岭. 高产高效矿井开采模式及其选择 [J]. 中国矿业大学学报, 2000, 29 (4)：363 - 368.

[68] 张东升, 赵海云, 孙忠辉, 等. 高产高效矿井开采模式的风险分析 [J]. 中国矿业大学学报, 2000, 29 (2)：133 - 136.

[69] 张富强. 大同塔山井田煌斑岩侵入对煤层煤质的影响 [J]. 山西煤炭, 2007 (2)：17 - 20.

[70] 张聚国. 国产重装综采设备应用与实践 [J]. 煤炭科学技术, 2009, 37 (7)：93 - 96.

[71] 张日晨. 神东矿区保德煤矿综放开采可行性研究 [J]. 煤炭学报, 2008, 33 (5)：489 - 492.

[72] 张世洪. 我国综采采煤机技术的创新研究 [J]. 煤炭学报, 2010, 35 (11)：1898 - 1902.

[73] 赵斌. 神东煤矿安全与高效生产浅析 [J]. 煤炭工程. 2005 (6)：17 - 19.

[74] 赵宏珠. 高产高效综采工作面设备配套选型统计分析 [J]. 煤炭科学技术, 2003, 31(8)：1 - 5.

[75] 赵森林, 黄献平. 从设计改革入手走集中生产之路 [J]. 煤炭科学技术, 1999, 27 (2)：49 - 50.

[76] 郑行周. 综放工作面采放系统设备能力的合理配套 [J]. 煤炭学报, 1998, 23 (5)：502 - 506.

[77] 周霖. 微地震监测技术对塔山煤矿围岩运动规律的研究 [J]. 山西大同大学学报（自然科学版）, 2010 (1)：72 - 74.

[78] 朱德仁, 钱鸣高, 徐林生. 坚硬顶板来压控制的探讨 [J]. 煤炭学报, 1991, 16 (2)：11 - 20.

[79] 朱涛, 张兆民, 宋敏. 塔山煤矿超厚煤层综放工作面重型装备搬撤技术 [J]. 煤炭工程, 2008 (10)：15 - 17.

[80] 左洪录. 浅谈建设高产高效现代化矿井的设计优化 [J]. 煤炭工程, 2007 (7)：13 - 14.

[81] 左秀峰, 张小平, 王玉凌, 等. 采煤方法及设备选择决策支持系统的研究 [J]. 中国矿业大学学报, 1998, 27 (1)：32 - 35.